高等教育艺术设计精编教材

U0394280

室内设计与手绘表现

朱珍华　徐　伟　朱灿华 / 编著

清华大学出版社

北　京

内 容 简 介

本书共7章,从基础训练、透视、色彩、快题设计等方面展开,根据难易程度循序渐进地讲解,满足不同基础读者的学习需求。第1章讲述室内设计分类、作用及原则,分析室内表现课程的教学现状,并针对现状提出完善教学的方法;第2~4章讲解手绘表现基础知识,从点、线、面、体到室内陈设的手绘表现;第5章通过图解的方式,讲解室内透视画法及步骤;第6章讲解马克笔、水彩、彩色铅等工具的上色技法;第7章为快题设计,结合实例讲解快题设计的作图规范及方法,并精选快题设计优秀方案供大家学习参考。

本书内容翔实、层次清晰、图文并茂、针对性较强,主要面向室内设计专业的学生,可作为高等院校室内设计专业教材用书、学生自学参考用书、学生考研参考书,也可作为社会上从事室内设计的初、中级技术人员的培训教材,以及广大手绘艺术爱好者的学习用书。

本书封面贴有清华大学出版社防伪标签,无标签者不得销售。

版权所有,侵权必究。举报:010-62782989,beiqinquan@tup.tsinghua.edu.cn。

图书在版编目(CIP)数据

室内设计与手绘表现/朱珍华,徐伟,朱灿华编著.—北京:清华大学出版社,2021.2(2023.9重印)

高等教育艺术设计精编教材

ISBN 978-7-302-56624-3

Ⅰ.①室… Ⅱ.①朱… ②徐… ③朱… Ⅲ.①室内装饰设计-绘画技法-高等学校-教材 Ⅳ.①TU204.11

中国版本图书馆 CIP 数据核字(2020)第 195088 号

责任编辑:张龙卿
封面设计:别志刚
责任校对:赵琳爽
责任印制:杨 艳

出版发行:清华大学出版社
      网 址:http://www.tup.com.cn,http://www.wqbook.com
      地 址:北京清华大学学研大厦 A 座 邮 编:100084
      社 总 机:010-83470000 邮 购:010-62786544
      投稿与读者服务:010-62776969,c-service@tup.tsinghua.edu.cn
      质量反馈:010-62772015,zhiliang@tup.tsinghua.edu.cn
      课件下载:http://www.tup.com.cn,010-83470410
印 装 者:三河市龙大印装有限公司
经 销:全国新华书店
开 本:210mm×285mm 印 张:9.75 字 数:280 千字
版 次:2021 年 4 月第 1 版 印 次:2023 年 9 月第 2 次印刷
定 价:69.00 元

产品编号:085765-01

前　言

　　近几十年来，随着社会经济的迅速发展，人们的生活水平普遍提高，居住条件得到了极大的改善，并给室内设计行业带来了前所未有的发展机遇。与此同时，人们对环境的要求越来越高，对室内空间的审美需求日益提升，市场也更加需要高素质且具有较高艺术审美的设计专业人才。

　　室内设计是一门综合性学科，与时代发展紧密结合，集理论知识、操作、应用为一体。学生们不仅要掌握大量的专业理论知识，熟练操作计算机制图软件，更要学会如何通过手绘形式表现自己的设计理念。在实际案例设计投标与施工中，手绘效果图表现也起着举足轻重的作用。对于室内设计专业教师而言，手绘效果图表现技法的正确教学尤为重要，不仅要教给学生如何对将要进行设计的室内空间有明确的认识，还要让学生学会如何更好地运用手绘效果图表现技法进行一系列有效的设计活动。

　　本书以室内设计表现为核心，结合透视的基本理论知识，从学生角度出发，系统、全面地诠释了各种室内单体和空间场景的作图方法和表现技巧，是一本将透视知识与室内设计表现紧密结合的参考书。从简单的线条到综合案例，从基本的透视术语到各个空间的透视训练，从黑白线稿到马克笔着色，从简单空间设计到主题空间快题表现，由易到难、循序渐进，将室内设计及手绘表现进行完整充分的延展和深化，为室内设计专业学生及室内设计从业者提供快速的学习计划和有效的指导。

　　本书在编著过程中参阅了大量专家学者的设计成果和文献资料，在此向所有为本书提供设计成果的学者表示诚挚的谢意！所有文献资料的参考在文后都有相关注明，如有不当或遗漏之处请相关学者谅解。

　　在此，衷心感谢秦瑞虎、邓蒲兵、孙大野、尚龙勇、沈先明、刘志伟等专家学者为本书提供手绘设计作品，我被他们的作品激励，也为有他们的参与而感到荣幸。如果没有各位专家学者的热心帮助，本书也无法顺利完稿。

　　本书不完善之处，敬请广大读者批评指正。

编著者
2021 年 1 月

目　录

室内设计与手绘表现

室内设计与手绘表现

室内设计与手绘表现

第7章　室内空间快题设计　*117*

第1章 概　述

1.1　关于室内设计

室内设计是根据建筑物的使用性质、所处环境和相应标准,运用物质技术手段和建筑设计原理,对建筑物内部环境进行再创造,创造出功能合理并满足人们物质和精神生活需要的室内空间环境。这一空间环境不仅具有满足相应功能的使用价值,同时还反映出历史文脉、建筑风格、环境气氛、艺术审美等精神因素。室内设计明确地把"创造满足人们物质和精神生活需要的室内环境"作为室内设计的目的。

1.1.1　室内设计的分类

室内设计的形态范畴可以从不同的角度进行界定、划分。从建筑物的使用功能上,一般分为居住建筑室内设计、公共建筑室内设计、工业建筑室内设计和农业建筑室内设计四大类。

1.居住建筑室内设计

居住建筑室内设计主要涉及住宅、公寓和宿舍的室内设计,具体包括前室、起居室、餐厅、书房、工作室、卧室、厨房和卫生间等室内空间设计。

2.公共建筑室内设计

公共建筑室内设计包括以下方面。

(1)文教建筑室内设计:主要涉及幼儿园、学校、图书馆、科研楼的室内设计,具体包括门厅、过厅、中庭、教室、活动室、阅览室、实验室、机房等室内设计。

(2)医疗建筑室内设计:主要涉及医院、社区诊所、疗养院的建筑室内设计,具体包括门诊室、检查室、手术室和病房等室内空间设计。

(3)办公建筑室内设计:主要涉及行政办公楼和商业办公楼内部的办公室、会议室以及报告厅等室内设计。

(4)商业建筑室内设计:主要涉及商场、便利店、餐饮建筑的室内设计,具体包括营业厅、商场、专卖店、酒吧、茶室、餐厅等室内空间设计。

(5)展览建筑室内设计:主要涉及各种美术馆、展览馆和博物馆的室内设计,具体包括展厅、展廊、行政管理办公室及配套的辅助用房等室内空间设计。

（6）娱乐建筑室内设计：主要涉及各种舞厅、歌厅、KTV、游艺厅的建筑室内设计。

（7）体育建筑室内设计：主要涉及各种类型的体育馆、游泳馆的室内设计，具体包括用于不同体育项目的比赛和训练及配套的辅助用房的设计。

（8）交通建筑室内设计：主要涉及公路、铁路、水路、民航的车站、候机楼、码头建筑，具体包括候机厅、候车室、候船厅、售票厅等室内空间设计。

3．工业建筑室内设计

工业建筑室内设计主要涉及各类厂房的车间和生活间及辅助用房的室内设计。

4．农业建筑室内设计

农业建筑室内设计主要涉及各类农业生产用房，如种植暖房、饲养房的室内设计。

1.1.2　室内设计的作用

室内设计是一门大众参与最为广泛的艺术活动，是设计内涵集中体现的地方。室内设计是人类创造更好的生存和生活环境的重要活动，它通过运用现代的设计原理进行"适用、美观"的设计，使空间更加符合人们的生理和心理的需求，同时也促进了社会审美意识的普遍提高，这不仅对物质文明建设有重要的促进作用，对精神文明建设也有潜移默化的积极作用。室内设计具体包括以下几个方面的作用。

（1）提高室内造型的艺术性，满足人们的审美需求。强化建筑及建筑空间的性格、意境和气氛，使不同类型的建筑及建筑空间更具性格特征、情感及艺术感染力，提高室外空间造型的艺术性，满足人们的审美需求。

（2）保护建筑主体结构的牢固性，延长建筑的使用寿命；弥补建筑空间的缺陷与不足，加强建筑的空间序列效果；增强构筑物、景观的物理性能，以及辅助设施的使用效果，提高室内空间的综合使用性能。

（3）协调"建筑—人—空间"三者的关系。室内设计是以人为中心的设计，是空间环境的节点设计。自室内设计的产生开始，它就展现出"建筑—人—空间"三者之间协调与制约的关系。室内设计就是要将建筑的艺术风格、形成空间的限制性强弱，使用者的个人特征、需要及所具有的社会属性，以及小环境空间的色彩、造型、肌理等多者之间的关系，按照设计者的思想加以组合，以满足使用者"舒适、美观、安全、实用"的需求。

总之，室内设计的中心议题是如何通过对室内小空间进行艺术的、综合的、统一的设计，提升室内空间环境形象，满足人们的生理及心理需求，更好地为人类的生活、生产和活动服务，并创造出新的、现代的生活理念。

1.1.3　室内设计的原则

室内设计首先要以人为核心，在尊重人的基础上，要体现出服务于人的特点。另外，室内设计的出现可能是技术上的革新，也可能是社会需求改变或文化氛围演变的结果。一个新设计的诞生，涉及三方面的主要因素：技术、经济和人。在具体的设计活动中，设计师应考虑以下几个设计原则。

1．功能性设计原则

功能性设计原则的要求是使室内空间、装饰装修、物理环境、陈设绿化最大限度地满足功能所需，并使其与功能和谐、统一。

2．经济性设计原则

广义地说,经济性设计原则就是以最小的消耗作为设计的出发点。如在建筑施工中使用的工作方法和程序省力、方便、低消耗、低成本等。一项设计要让大多数消费者所接受,必须在"代价"和"效用"之间谋求一个均衡点,但无论如何,降低成本不能以损害工程质量为代价。经济性设计原则包括两方面,即生产性和有效性。

3．美观性设计原则

追求美是人的天性。当然,美是一种随时间、空间、环境而变化且适应性极强的概念,所以,在设计中美的标准也会大不相同。我们既不能因强调设计在文化和社会方面的作用而不顾及使用者需求,同时也不能把美庸俗化,这需要有一个适当的平衡。

4．适切性设计原则

适切性简单地说就是做到设计方案与用户需求之间处理得恰到好处,既不牵强也不过分。如针对室内空间中艺术陈设品与空间气氛的统一就需如此考虑。

5．个性化原则

设计要具有独特的风格,缺少个性的设计是没有生命力与艺术感染力的。无论是在设计的构思阶段还是在设计深入的过程中,只有构思新奇而巧妙,才会赋予设计勃勃生机。现代的室内设计是以增强室内环境下的人们的精神与心理需求为最终目的的。在发挥现有物质条件和满足具体使用功能的情况下,尽量体现出个性化的特点。

6．舒适性原则

各个国家对舒适性的定义各有不同,但从整体上来看,舒适的室内设计离不开充足的阳光、无污染的清新空气、安静的生活氛围、绿化较好的绿地、宽阔的室外活动空间及标志性的景观等。

7．安全性原则

美国著名人本主义心理学家 A.马斯洛在《人的动机理论中》将人的需求分为五个层次:生理需求、安全需求、社交需求、被尊重的需求和自我实现的需求。他认为人只有在较低层次的需求得到满足之后,才会表现出对更高层次需求的追求。室内设计需满足人们的安全需求。

8．方便性原则

室内设计的方便性原则主要体现在对道路交通的组织、公共服务设施的配套服务和服务方式的方便程度上。在室内设计中,道路交通的组织不仅要满足使用者的出行需要,也要为进入的车辆提供方便（如救护车、消防车、工程车等）。

9．整体性与多样性原则

（1）整体性。万事万物共同构建了世界,彼此之间既相互联系、相互作用,又相互制约。作为建筑环境中的室内设计,无论是人工创造的环境,还是开发的自然环境,都要与整个环境系统形成相互的关系。具体到每个室内设计来讲,其设计规模、功能布局、造型、风格等都应统一到所处的整个城市建筑环境系统的循环网络中。从整体来讲,"人—环境—社会"三大系统只有在协调、统一的基础上才能更好地发展。

（2）多样性。随着人们生活水平的提高,现代人在进行社会交往时,除了对个人室内生活空间多样性的追求,同时也将居住的内涵扩大到了室内空间的多样性和个性化的表现上。

1.2 室内设计课程现状分析

当下对环境艺术设计人才的要求是,既要有过硬的专业知识和技能,还要有良好的艺术文化修养和沟通能力,对设计材料和施工都要有全面的了解。因此,高等教育应基于专业实践来设计专业课程,让学生有目的性、系统化地学习专业理论知识,为今后步入社会打下坚实的基础。一方面要求学生具有顺应市场发展的专业技能及设计思维,增强学生的实操能力,培养学生应用性能力；另一方面要求教师在课程教学中需加强理论与实践的结合,强调应用性和市场性。

然而,室内设计课程教学体系下仍然面临着诸多问题,如课程内容不够系统化和规范化,专业应用性不强,教学体系过于理想化。

1.2.1 手绘表现课程教学现状分析

（1）课时分配不合理。手绘效果图表现技法课程对于基础薄弱的学生,训练方式主要是以量取胜,只有具备一定量的积累,才能有质的飞越。这一过程需要安排充分的课时,才能获得预期的教学效果。

（2）教学的侧重点有偏差。部分高校重视培养应用型人才,越来越注重计算机效果图的绘制,忽视了手绘能力的培养,这不利于学生创造性思维的培养。

（3）学生绘画基础薄弱,对绘制效果图缺乏信心。在艺术院校火热扩招的几年中,部分学生对于艺术专业的理解有所偏差,学绘画基本依靠速成,这导致学生基本功不过硬,学习素描、色彩等基础课都很吃力。手绘效果图表现技法课程更为专业,功底较差的学生常常会出现厌学心理,对绘制效果图没有信心。

（4）教学模式单一。手绘效果图的重要环节在于学生对技法的掌握,教师在掌握学生学习状态的同时,应该注意因材施教。简单的临摹不能满足高校对学生创造力和想象力的培养,教师更应注重培养学生的设计思维。

1.2.2 手绘表现的行业需求分析

在现代设计行业中,建筑设计、室内设计、平面设计、工业设计等领域通常会利用手绘设计图纸表现其设计作品。手绘效果图是设计师表达设计意图与理念的一种方法,是一种图形化语言,是设计师和业主沟通的桥梁。其重要性主要表现在以下几个方面。

（1）由于手绘工具的便捷性,手绘表现能快速地反映设计师的灵感和最初设计思路及构想。

设计师通过对草图的反复修改最终成稿,再交由计算机操作员根据设计效果图绘制出计算机效果图和施工图,最后交由施工人员完成现场施工。在这一过程中,如果没有设计师最初原始的设计构思和手绘效果图直观的表达,很难想象计算机能帮我们完成设计工作。

（2）建筑室内设计手绘效果图是设计师和客户交流的最好工具,对最终决策起到决定性的作用。

由于其快速性、表现力强的特点,可以在交流过程中随时依据客户的不同意见,通过现场手绘草图进行修改,直观反映出设计师和客户的想法,从而提高工作效率。

（3）手绘表现是一门集绘画艺术和实用工程技术为一体的综合性、实用性技能。设计师依据建筑空间进行构思，通过手绘来客观、形象地表现出设计的最终效果。纯熟的手绘表现技能和艺术风格能为设计师在其行业领域奠定良好的地位。

1.3 提高手绘表现课程质量的实施方案

1．引导学生重视手绘

手绘表现课程是专业基础课，需引导学生重视，它为之后的商业设计、居住空间设计、办公空间设计等专业必修课程打下了良好的基础，使学生对于空间的表现、建筑结构的穿插、色彩的搭配等方面都能有深入的了解。让学生用手绘的方式表达自己的设计理念是本课程的最终目标。

2．加强学生基本功的训练

基本功对于每一位学生而言都至关重要，从大一的基础课开始，就应加强学生绘画基础的训练。手绘效果图的理论基础包括素描、色彩、制图基础、透视学等方面，对于学生的形体塑造能力要求较高，学生对于空间的理解和色彩的运用往往能体现出其对绘画基础的掌握程度。加强基本功训练，有利于专业课程的开展和教学质量的提升。

3．灵活使用教学方法和教学手段

教师需要了解每位学生的绘画水平，灵活运用教学方法及手段，讲课内容也要有难易的区分。在讲课内容方面，更应该在学生掌握手绘技法的同时，培养学生空间设计的创造力和想象力，让学生重点掌握透视种类与透视画法，了解建筑空间的结构。

总之，室内设计是一门综合性的学科，学生们不仅要掌握完整的室内设计理论体系，还要学会通过软件和手绘两种途径来输出设计理念。手绘效果图是设计师表达设计方案最快捷的方法。由此可见，手绘表现教学显得尤为重要，需要通过专业教师多方位的教学方法与学生正确的学法相互配合，才能达到良好的教学效果。

习　　题

1．就建筑物的使用功能而言，室内设计的形态范畴一般分为哪几类？

2．室内设计需以人为核心，在尊重人的基础上，关怀人并服务于人。请阐述室内设计的具体原则，并举例说明。

第 2 章
室内手绘表现基础练习

本章重点讲述点、线、面以及体块的设计表达和表现技法,使学生对设计表达的手段有全面的认识与把握,能够快速准确地用点、线、面等元素定义物体。

点是最基本的状态,线、面及体都是在其基础上的一种排列组合。假定一滴小雨滴为点,流水则是线的一种状态,积水就是一个面的状态,即"滴水成点,流水成线,积水成面"。

线是手绘表现中最重要的环节,是手绘效果图的精髓所在。本章要求学生能熟练掌握各种不同线条的画法,并通过排列组合形成不同的面、体或空间。学生在对点、线、面等二维空间具备全面的认知后,再逐步深入学习立体造型与基础空间形态。

2.1 点

本节叙述的主要是黑白点的画法。通过练习,初学者可以较快地掌握光影的变化与规律,循序渐进地掌握手绘表达技法,提高手绘能力,提高艺术审美,最终为设计服务。

1. 点的概念

点,顾名思义,是画面最小的元素。其实计算机成像、照相机成像的原理都来自于此。最具象的画面的构成基础却是最抽象的点,所以具象与抽象其实是一体的,是可以相互转换的。

2. 点的画法

为了更好地掌握点的画法,初学者需加强"点"的练习,利用"点"表达物体,其具体步骤如下。

(1)起笔。用铅笔将物体的轮廓确定,并根据光影变化,将物体的亮部、暗部、明暗交界线、投影等位置标出。

(2)刻画明暗。根据画面上标出的明暗位置,用点的方式把画面分成亮部与暗部,加强明暗对比。

(3)完稿。把握整体关系,包括材质、光影的准确表达。

以皮质沙发的表达为例,具体步骤如下。

第一步:为确保形体准确,将沙发理解成简单的几何体,按大致轮廓用铅笔绘制出几何体,并注意透视变化,如图 2-1(a)所示。

第二步:在几何体内定出沙发扶手及靠背的位置,完成沙发形体绘制,如图 2-1(b)所示。

第三步:绘制沙发细节、靠背的纹理,用"点"表达皮质沙发的材质及光影,并快速地分出沙发的亮、暗、灰及投影的关系,如图 2-1(c)所示。

第四步:深入刻画,区分皮具及不锈钢材质。掌握两种材质的不同,根据材质特点进行刻画,高光处做留白处理,并加强明暗对比,完成沙发的绘制,如图 2-1(d)所示。

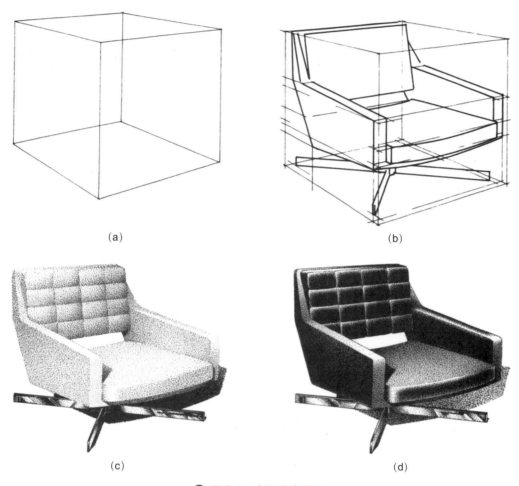

(a)

(b)

(c)

(d)

⊕ 图 2-1 点画法步骤图

注意:点画法要注意画面的黑白布局,要强化明暗,不要面面俱到。只有把对比拉开,才能有好的画面效果,同时要注意画面前后的虚实关系。

通过不同的排列组合形式、不同的疏密度,点可以准确表达不同的材质,如皮具、石材、不锈钢、玻璃等(图 2-2 ～图 2-4)。

⊕ 图 2-2 "点"表达石材

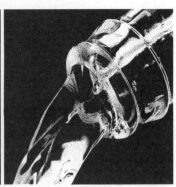

⬧ 图 2-3 "点"表达不锈钢材质　　　　　　　　⬧ 图 2-4 "点"表达玻璃材质

2.2　线

　　线是最基本的造型语言,是手绘表现中最重要的元素,是效果图感染力表达的重要手段。学生们不仅要熟练掌握各种线条的画法,更需要形成自己手绘表现风格。能够运用直线、曲线、折线、抖线等不同类型的线来表现空间概念,掌握造型美感的基础元素。

　　线的练习是掌握快速表现的基础,看似简单的线条,其实千变万化。线条的表现包括线条的快慢、虚实、轻重、曲直等。线条要画出美感、画出生命力,需做大量的练习。

1．线的性格特点

　　线条性格是指线条要体现物体的状态和物体之间的关系。线条的气势、力度、速度、轻重、顿挫等取决于所描绘的物体本身,另外加上自己的主观处理。在手绘表现中更注重对所描绘物体的材料体现,用什么线条取决于物体本身。如木材料的稳重,石头的硬朗,玻璃的坚硬、犀利等。一般来讲,不同的线条有以下的性格特点。

　　(1) 直线:表达了直接、理性、严谨,常用来定义建筑轮廓 (图 2-5)。

⬧ 图 2-5　直线定义建筑轮廓可以表达理性、严谨、稳定之感

（2）曲线：表达了飘逸、柔和，以及扭曲、异形等（图 2-6）。

（3）折线：表达了对抗、力量（图 2-7）。

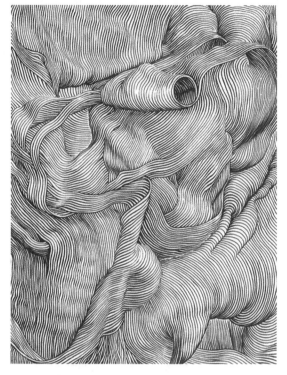

⊕ 图 2-6 曲线表达扭曲、不安之感

⊕ 图 2-7 折线、斜线表达坚硬、对抗之感

（4）乱线：表达了烦躁、不安（图 2-8）。

⊕ 图 2-8 乱线表达了发泄情绪或者紧张不安

硬朗的线条常用来定义硬质物体轮廓,如石头、建筑等;轻快柔滑的曲线常用来定义植物的轮廓。用直线定义建筑、空间轮廓,给人以理性、严谨、稳定之感;曲线通过疏密排列组合,给人以平静、飘逸、柔和之感。通过不同的排列组合方式,可表达异形空间,也可以传达画面的扭曲、不安之感;呈不同角度的斜线、折线通过有序的排列,可以表现画面的张力,并给人以坚硬、对抗之感。

在某种程度上,线条还能与材料的色彩相匹配。老树的线条古劲沧桑,对应的色彩就是深色,如褐色、橄榄绿等;小草的线条轻快柔滑,对应的色彩就是浅色,如草绿、柠檬黄等。所以在一张优秀的线稿作品中,不仅可以从线条中看到材质,甚至还能感受到色彩。

2．线的作用

(1) 用线条去反映客观事物基本形态,包括轮廓、体积、空间、姿态、运动等(图2-9)。

🔶 图2-9　线条体现轮廓、体积、空间

(2) 用线条去表现物体肌理质感和性格特征。方正顿挫的线条,可以表现刚硬的物体;轻柔委婉的线条,可以表现飘逸飞扬的物体。

(3) 用线条体现主次、远近、虚实、穿插关系(图2-10)。

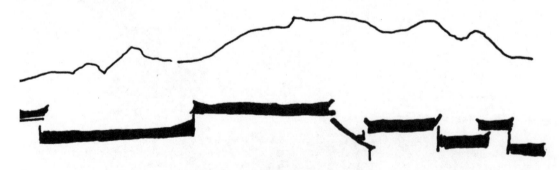

🔶 图2-10　线条体现远近、虚实等关系

3．线的练习方法

进行线的绘制练习时,需要保持正确的姿势,养成良好的坐姿和握笔的习惯。一般来说,人的视线应该尽量与台面保持垂直状态,画线时手臂带动手腕,手腕与指关节放松。同时要注意力度的控制,力度的控制不是将笔使劲往纸上按,而是手指能感觉到笔尖在纸上的力度。手要控制自如,做到随心而动。但不要故意抖动或应用其他矫揉造作的笔法(图2-11)。

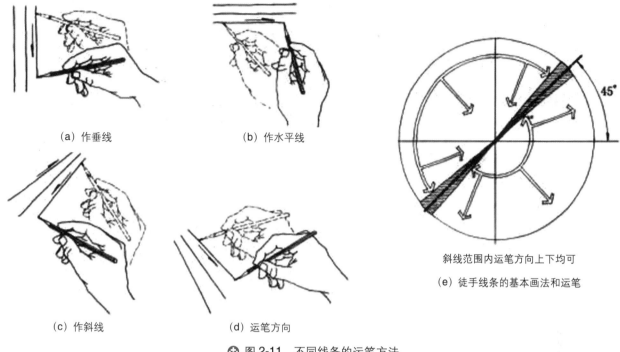

（a）作垂线　　　　　（b）作水平线

（c）作斜线　　　　　（d）运笔方向

斜线范围内运笔方向上下均可

（e）徒手线条的基本画法和运笔

🔆 图 2-11　不同线条的运笔方法

　　第一阶段的练习应该是比较轻松愉快的,只要多画,能将线条控制自如,就达到了要求。

　　怎样才能把线条画得"有感觉"?画时要胸有成竹,落笔肯定、干脆且富有力度,注意起笔和收笔不僵硬、不回勾,也不飘忽不定。运笔速度要有控制,快慢得当。快的线条较为硬朗,适合表达简洁流畅的形体;慢的线条较为抖动,适合表达平稳而厚重的物体。

　　线是有情感和性格的,不同的手法绘制出的线具有不同的个性特点。运笔时力度的细微变化是整体表现的重点,掌控好起笔、运笔及收笔（图 2-12）,这样画出来的线条才富有张力,且简洁、规整、自然、流畅。与直尺绘制的线条相比,徒手绘制的线条更洒脱和随意,能更好地表述创意的灵动和艺术情感,但画不好会让人感觉凌乱。

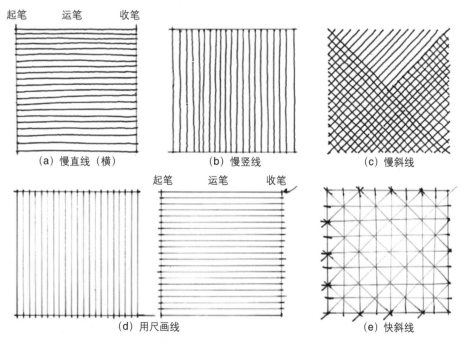

（a）慢直线（横）　　　（b）慢竖线　　　　（c）慢斜线

（d）用尺画线　　　　　（e）快斜线

🔆 图 2-12　起笔、运笔、收笔练习

4．线条练习的注意事项

练习线条还需注意以下几点。

（1）起笔要大胆、肯定，慢线微抖，小而大直，收笔时避免回勾。

（2）起笔要利落，线条要流畅连贯，切忌犹豫和停顿，不能过于拘谨，不可来回重复一条线。

（3）出现断线时，不可在原来基础上重复起步，可空出一小段继续画，线断意连。

（4）线切记乱排，可平行或垂直于纸张的边线或透视线，也可垂直于画面。

（5）线与线相交时注意出头，这样能体现结构，长线条练习也可适当地留白与合理地断线。

（6）在用线条绘制物体时，先了解其特性，是坚硬的还是柔软的，要选用适当的线条表达物体的质感。

2.2.1　直线

直线在手绘中最常见，很多物体的形体是由直线构成的，所以熟练掌握直线的绘制方法很重要。直线绘制要干净利落，有力度感。手绘中的"直"很多时候是感觉上和视觉上的直，不是绝对的"直"。直线均匀硬朗，多表达坚硬的物体。主线主要有三种表现形式，即水平线、垂直线与斜线（图2-13和图2-14）。不同的线条表达不同的心理情感。

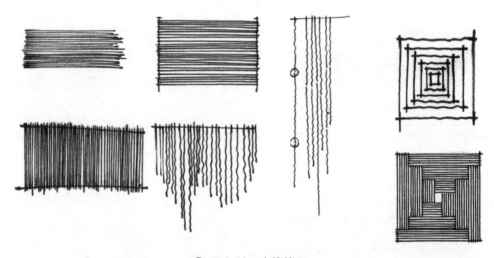

⊕ 图2-13　直线练习

⊕ 图2-14　斜线练习

（1）水平线条：给人以平和、开阔、稳重之感；视线水平移动，产生延伸、舒展的效果。

（2）垂直线条：给人以积极向上之感；视线上下移动，产生高大、耸立的效果。

（3）斜线条：给人以变化不定的感觉，富于动感。

2.2.2　曲线

曲线用于表现不同弧度大小的圆弧线、圆形等，是手绘中较为活跃的表现因素，也是手绘表现过程中的重要技术环节。曲线自由随意，运用较为广泛，多表达布艺、植物等。描绘物体时应讲究曲线的流畅性和对称性。

在练习曲线时需注意掌握手腕的力度与运笔角度，注意线条的流畅。流畅的线条并非一蹴而就，需要长时间的反复练习，形成肌肉记忆和习惯。灵活运用可绘制出丰富多变的曲线。

如图 2-15 所示，通过曲线的近疏远密排列，形成一个由近及远的视觉画面，在画面中心通过改变曲线的方向，形成未知深洞。虽然只是线条的练习，但整个画面极具视觉冲击力，这就是线条的魅力。

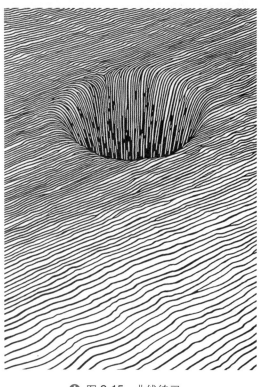

↑ 图 2-15　曲线练习一

如图 2-16 和图 2-17 所示，曲线经过设计与有组织的排列组合，形成丰富多彩、形态万千的有趣画面，有的像自然界的万物，如浪花、青草、麦穗……有的则像外星异形生物，充满神秘与未知。

↑ 图 2-16　曲线练习二

⊕ 图 2-17　曲线练习三

2.2.3　不规则线

抖线、乱线、折线等都属于不规则线,这些不规则线在表达植物和一些特殊纹理时应用较多,运笔比较随意,运笔速度偏慢。不规则线条在手绘表现中更具表现力和艺术感染力,给设计者留下较大的思考空间。在练习时,可通过不规则线条的有序排列组合,呈现出各种不同的有趣图案(图 2-18)。

⊕ 图 2-18　不规则线条练习一

线条是区分物体、表现物象最简洁有力的语言。无论是直线、曲线、折线还是不规则线,在手绘效果图中应用相当广泛,如定义物体的轮廓线、表达物体的结构,或是表达光线、阴影、透视、装饰等,在室内手绘效果图中都是以线条的形式呈现。

　　线在自然界中无处不在,可以是一缕头发、一根绳索、一根柳枝、一棵麦穗……甚至是立体面转折交接或明暗交接的线。哲学家海格庞蒂说过:"物体的存在不是一种为有思维能力的主体存在,而是一种目光存在,光以某种间接的方式接触物体,否则就不能认识。"

2.2.4　线条练习范例

　　线条练习范例如图 2-19 ～图 2-23 所示。

✤ 图 2-19　线条练习一

✤ 图 2-20　线条练习二

⬆ 图 2-21　线条练习三

⬆ 图 2-22　线条练习四

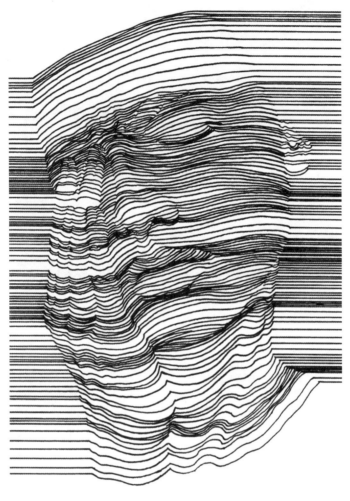

⊕ 图 2-23　线条练习五

2.3　面

　　从理论上来说,面是由扩大的点或封闭的线构成的,同时相对密集的点与线也可以构成面。面是线的移动至终结而形成的,是有大小、形状、色彩的。面有长度与宽度,是一个实实在在的准空间,但是面并没有厚度,就如同海上一条条的波浪线,它们组成了整个海平面。

　　面分为实面和虚面。实面是指有明确形状的、能真实看到的面;虚面是指不真实存在但能被我们感受到,并由点、线密集排列而形成的面。面在某种情况下可以体现为一根粗线条或是一个大的点或是一个色块。每种面都有其语言和旋律,下面以最简单的方形面、圆形面、长条面为例说明。

　　方形面周正平稳,有下坠力,没有明显的方向感。

　　三角形面有很强的稳定感。左右有扩散感,中心有很强的向上感。

　　圆形面向心力和发散力达到了一个很好的平衡,让人感觉画面自然舒适,有一种浑然天成的感觉。在圆形面的任何位置开一个缺口,就可以把圆形面的发散力爆发出来,形成很强的对比感。

　　椭圆形面左右的发散力很强,上下的向心力较强。

　　长条面在水平放置时有很强的左右延长的趋势,垂直放置的长条面有很强的上下延长的趋势。

　　以上介绍的都是最基本的面,也是面的抽象概括。然而,自然界中面的形状千奇百怪,实际设计中遇到的材料的面也是多种多样的（图2-24）。面是构成图形的主要设计元素，是一个画面构图的重要基础，是舍弃细节、化零为整的一种画面观念，面的各种构成是设计中的重要研究课题。

⊕ 图2-24　自然界中形式各样的面

任何一种线条排列都能形成色调和明度的变化，进而形成面。手绘作品的体、面、光线、质感、空间都离不开色调和明度的变化，合理利用线条去组织具有明暗渐变、空间深度的面是手绘的重要表现（图2-25）。

在现代设计，尤其是室内设计中，设计师已经注意到点、线、面元素之间的复杂关系并将其更好地应用于室内设计中。事实证明，对点、线、面元素良好、准确地把控，以及对点、线、面关系的恰当处理、科学搭配与合理组合，往往可以大大提升室内设计的层次感、立体感。在室内设计中要遵循点、线、面构成元素的运用要素，彰显现代设计的潮流与趋势，契合室内设计的发展动向。

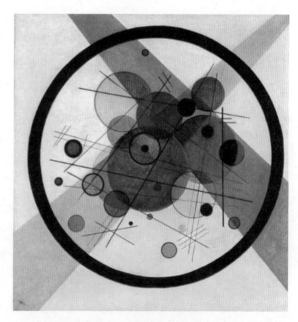

⊕ 图2-25　色彩、光影变化下的面

2.4　体

现实生活中的物体形状多种多样,它们都由各自的高度、宽度和深度所组成,又称三维空间,其中深度在造型艺术中称为物体的空间性,这是物体的最基本特征。自然界中物体的形状千姿百态,概括起来有方锥形、圆锥形、多面柱体、圆柱体等,经过抽象理解,主要由方形体和圆形体两种基本几何形体组成(图2-26)。

⊕ 图 2-26　基本几何形体

要想掌握任何形状的物体,首先要掌握两种基本形体,即方形体和圆形体。物质世界一切复杂的形体可以归纳到方形体中去,又都可经过切块过程还原出来。这一简单而变化丰富的循环过程确立了立体造型的基础。

几何体占据着空间的有限部分,如果只考虑这些物体的形状和大小,而不考虑其他因素,那么由这些物体抽象出来的空间图形就叫空间几何体,也叫立体。按构成体的主要元素——面的特点,可以把几何体分成以下两类。

第一类是由曲面参与其中的曲面几何体,如圆柱体、球体。

第二类是由平面围成的平面几何体,即由若干个平面多边形围成的多面体,如棱柱体、正方体。

一般来说,几何体是由面、交线(面与面相交处)、交点(交线的相交处或是曲面的收敛处)而构成的。对于几何体而言,最主要的构成要素是面。一个几何体可以没有交线或交点这些要素,但不可能没有面。

由一个面构成的几何体就是球体。这里的球体不要理解成只是圆球体,还可以是椭圆球体,甚至是不规则的曲面几何体。

只包含一个交点和一条交线的体是圆锥体。

在室内手绘练习中,形体的练习是继线条后的第二个练习重点。室内家具可以抽象地理解为:由各种不同的形体组成,当把各种几何体熟练把握后,家具的形体就自然掌握了。

2.4.1　正方体、长方体练习

正方体、长方体作为形体的基本单位,其在手绘练习中的重要性不容忽视。在此,我们再从几何的角度上认识一下正方体:用6个完全相同的正方形围成的立体图形叫正方体,即侧面和底面均为正方形的直平行六面体为正方体。正方体的棱长都相等称为"立方体""正六面体"。正方体的动态定义为:由一个正方形向垂直于正方形所在面的方向平移该正方形的边长而得到的立体图形。

长方体是由6个面组成的,相对的面面积相等,可能有两个面是正方形,其他四个面是长方形;也可能6个面都是长方形。正方体是特殊的长方体,正方体是6个面都是正方形的长方体。

图2-27和图2-28所示为正六面体不同角度的透视效果。

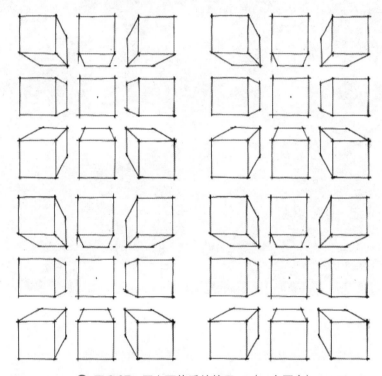

⊕ 图2-27　正六面体手绘练习一（一个灭点）

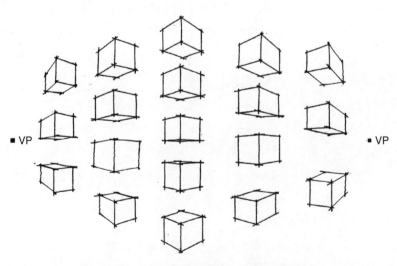

⊕ 图2-28　正六面体手绘练习二（两个灭点）

充分理解形体之后,再做练习就会事半功倍。在练习中特别要注意面与面的关系、结构的穿插关系以及由于透视所产生的近大远小、近实远虚等透视关系,以及一点、两点透视下图形的透视变化。练习时可适当增加难度,比如对六面体进行增减面的练习,以锻炼空间感知力 (图 2-29)。

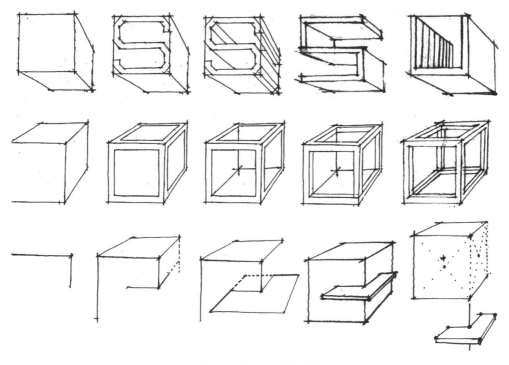

⬆ 图 2-29 面的增减练习

2.4.2 不规则形体练习

室内设计专业要求学生具有丰富的空间想象力和创作力,为了增强学生对空间的理解与掌握,在几何体练习时,可以通过对形体的组合、切割、掏空、叠加、错落等方式增加相应的难度 (图 2-30)。

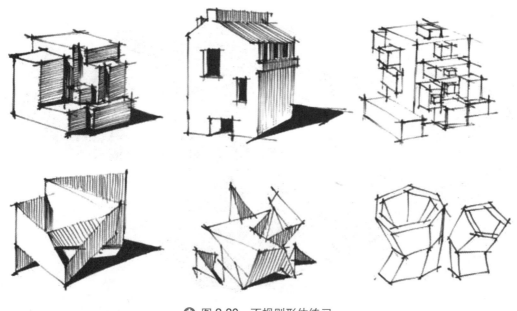

⬆ 图 2-30 不规则形体练习

2.4.3 体块组合练习

体块的组合与穿插练习是室内空间手绘表现的主要过渡阶段,可锻炼学生们的空间想象能力以及动手能力。通过理解一点透视和两点透视基本原理来塑造室内空间的立体框架和层次关系,为准确表现室内空间打下扎实的基础(图 2-31 和图 2-32)。

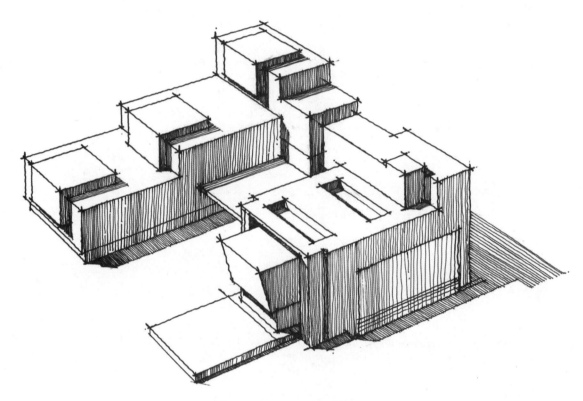

✪ 图 2-31　体块组合练习一

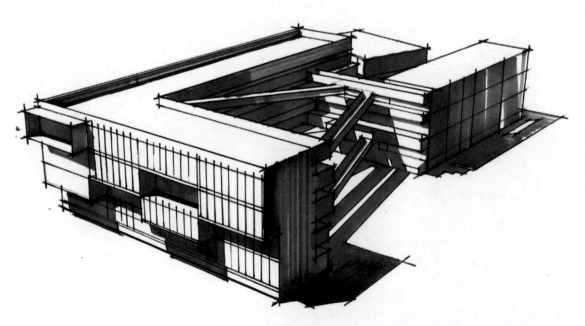

✪ 图 2-32　体块组合练习二

习　题

1．采用点的画法，完成一张"点"的习作，图幅大小为 A4 纸，题材自定（生活中的水杯、鞋子、书包、手机等均可）。需明确表达材质、明暗光影关系、空间虚实关系。

2．完成一张图幅大小为 A3 纸的线的习作，包括水平线、垂直线、斜线、不规则线等线条的练习，注意线条间的组合。

3．完成一张图幅大小为 A3 纸的几何体习作，注意几何体透视要准确。

第3章
室内陈设及手绘表现

3.1 关于室内陈设

室内陈设通俗地理解就是室内摆设,包括家具、灯光、室内织物、装饰工艺品、字画、电器、盆景、插花、挂物、室内装修等物品以及色彩的组合、布置、摆设。

陈设设计作为室内设计的重要组成部分,不但包括各种室内陈设品的设计制作,还涵盖了通过运用对比、重复、对称、均衡等设计手法,将室内各种各样的陈设物品组合、布置。陈设品并非单一、独立地存在。进行陈设设计时必须考虑其与室内其他物品关系的协调性和配合度。

室内陈设物品种类繁多,表现形式也多种多样,它不仅是生活设施功能的延伸,更是营造室内氛围,点缀室内空间,丰富室内环境,塑造室内风格及空间形象的重要元素。人们对室内陈设的需求是生活质量提升的一个重要表现,室内陈设不仅体现出人们对于室内空间的功能性需求,更体现了对审美文化的追求,可以表达一定的思想内涵和精神文化,以及对于私密空间的个性化、人性化追求。

室内陈设包含的内容多、范围广,从功能的角度出发,大致可分为功能性陈设和装饰性陈设两类。

3.1.1 功能性陈设

功能性陈设包括家具、灯具及织物等具备具体的实用价值的陈设。功能性陈设必须具备实用价值,同时它还应具备观赏价值。功能性陈设是决定室内空间整体效果的重要因素。处理好功能性陈设艺术与室内空间的关系,是塑造室内环境形象及体现室内气氛的关键。

家具是室内陈设必不可少的构成部分,应以实用为前提,兼顾美观。

灯具在居住空间中最主要的功能是照明;同时,灯具作为室内陈设品的一种,它还有增强室内空间艺术效果及烘托气氛等功能。

织物种类繁多,已渗透到室内环境设计的各个方面,能软化空间,并赋予室内空间一种温馨、自然、亲切和轻松的氛围。

3.1.2 装饰性陈设

装饰性陈设也称观赏性陈设,即指单纯用于观赏,本身并没有具体的实用价值的陈设品,如工艺品、收藏品、纪念品、景观植物、字画和雕塑等,装饰是其唯一的功能。选择装饰性陈设时,要与室内风格相统一,如传统的中国水墨山水画、书法等作品,适合中式风格的空间环境,可以营造一种书香、文雅、静谧的空间氛围。

3.2　室内陈设在空间中的应用

室内陈设艺术在不同的空间环境中所表达的空间氛围是不同的,不同空间环境所呈现的功能有时大相径庭。

3.2.1　居住空间

居住空间是人们生活的主体空间,它一方面需要满足人们的基本生活需求,如居住、休息、休闲、待客等需求;另一方面还需要满足人们对于家的精神需求。

室内陈设设计不仅要满足人们生活的实用性要求,同时也要体现审美性的特点。现代社会中每个家庭都有其个体差异、文化习俗、审美需求等,这需要室内设计师们在对空间整体规划设计时要以功能性原则为基础,在满足空间使用功能的同时,思考室内空间陈设设计。

在设计之初要先与居住者沟通,了解其家庭文化、兴趣爱好、文化习俗等,要将室内陈设与整体空间协调处理,创造符合人性基本需求的舒适空间,使时代性自然地融入设计中。坚持以人为本的原则,关心居住者的需求,满足其心理需求,符合现代社会的多元、个性化的发展潮流。

室内陈设设计与室内风格尺度和造型等方面相互和谐统一,才能与室内空间完美融合,互为衬托,才能更加有效地体现室内陈设中居住空间的装饰性,从而达到更好的整体性与艺术性。

室内设计师应以形式美法则为手段,指导人们更好地去创造美的事物;将生态性原则作为导向,在室内营造一种生态环境,把自己融入自然之中,更多地接近自然,思考降低能源消耗,加强资源的重复利用。比如可利用已有的陶艺制品、编织陈设品、木质家具等作为室内陈设,营造温馨、自然、舒适的空间环境（图 3-1）。

🔺 图 3-1　居住空间陈设设计

随着近二三十年社会经济的高速发展及人们物质文化生活水平的提高,创造了丰富的物质化需求,随着精装修、"拎包入住"等方式的推出,人们在享受"方便"、高效的同时,也会导致居住空间设计趋同性现象的产生,缺乏个性与特色。

3.2.2　商业空间

在商业空间中,第一观感直接决定人们是否进入店内,空间氛围决定顾客的购买意向。随着经济的快速发展,人们的消费水平日益提高,在实体经济竞争越来越激烈的情况下,商场、专卖店等购物场所的特点和气氛的营造显得尤其重要。商业空间设计不仅仅是满足必要消费,还需要用设计的手段让消费者将主观性购物和随机性购物观念合为一体,并逐渐转为消费。

在商业空间设计中如何使用陈设艺术去放大商品的装饰性,给商品增加附加值,给顾客增加对商品的青睐度和品牌忠诚度,是商业陈设设计的关键,主要表现为以下两点。

1．突出商品

在商业空间陈设设计的宗旨中,突出商品是第一要点。根据商品属性、价值、材质、色彩等的不同,陈设设计需要做相应的调整。例如珠宝店中,一般会以天鹅绒为材质制作陈列架来摆放珠宝,其柔软的特质、深沉大气的颜色以及高档的质地与珠宝搭配十分协调;高档成衣店大多使用镜面或不锈钢材质制作陈列架,给人一种高档大气的视觉和触觉体验,突出衣物的舒适性和柔顺性,镜面的反射也能使衣物的外观得到最大程度的展示;运动商品店中,经常以木制和橡胶制陈列架为主,给人以时尚、休闲、娱乐的精神感官,给顾客一种亲近自然的感觉,也体现了商品可以使人变得年轻且有活力。这些都是建立在商品的内容与属性的基础上进行设计的。

2．主题清晰,主次协调

商业空间陈设设计中,既要突出主题,也要协调好主体与局部的关系,如主体商品陈列需与局部景观相呼应,这是建立在不同陈设的协调之上的;与主题相呼应的局部陈设设计,在空间中也要有所体现,应点到即止,不可因在少数次要商品的陈设上过度装饰而导致主体商品略显逊色。陈设效果的好坏直接影响到品牌的文化、商场的销售以及用户的体验。

总之,商业空间的陈设设计,需在更大程度上体现出商品的优势与特性,在追求商品品质优化的同时,也需要对其周围空间环境的审美性提出更高的要求（图3-2）。

3.2.3　酒店空间

陈设设计是酒店设计不可或缺的一部分,它涵盖了硬装部分的固定建筑构件之外的所有范围,包括酒店主题和品牌的定位;酒店家具陈设、布艺陈设、画品陈设、饰品陈设、灯具陈设等陈设品的挑选与配置;对酒店顶面、地面、墙面等界面的装饰,对酒店整体环境氛围的营造等。

在星级酒店室内设计中,陈设设计占据着极其重要的位置。陈设设计围绕酒店设计主题,通过各个陈设之间的呼应和连接营造出不同的气氛,为酒店创造出独有的意境。酒店陈设设计主要包括以下几个空间。

1．酒店中的公共空间

公共空间包括入口、大堂、过道等,其陈设大致分为两类,一类是落地式,落地式指摆放在地面的陈设品,例如雕塑、大堂水景、盆景、大型落地隔断、屏风等；一类是悬吊式,例如大型水晶吊灯。根据酒店的风格及主题,选用合适的陈设品 (图 3-3),如中式酒店中公共空间的陈设品要求大气、古朴、自然,能体现出酒店整体风格,同时也需要一些小型的配饰加以点缀,丰富酒店公共空间中的画面,使人们置身其中能慢慢体会空间的意境,并能在情感上产生共鸣。

⊕ 图 3-2　商业空间陈设设计

⊕ 图 3-3　酒店公共空间陈设设计一

　　酒店大堂是宾馆前端服务的重点,为宾客提供接待、信息、预订票、结账、兑换货币或商业办公等综合性服务。大堂的陈设设计往往反映酒店的总体设计风格。它的陈设饰品应与它的总体风格相一致,也要注意各个功能区域的分区要明确,交通导向和路线要清晰,在消防要求上便于人流疏散并达到防火要求 (图 3-4)。

⊕ 图 3-4　酒店公共空间陈设设计二

2．酒店中的客房空间

客房是酒店的主体,不能设计得太烦琐,需要与酒店主题相呼应,通过不同家具材料的选用可以营造出不同的风格和氛围（图 3-5）。其设计空间包括卧房、卫浴、阳台等。这些空间中的陈设品主要以摆放的方式存在,注重与整体的统一、协调,可适当选用带有地域特色的陈设品来强调酒店的整体风格;同时也要注意植被种类的选择及摆放,比如卫浴中常选用小型盆景。

⊕ 图 3-5　酒店客房陈设设计

3．酒店内餐饮和商业空间

大型高档酒店对其餐饮空间十分重视，需要谨慎地选择陈设品。华丽优雅的餐厅大部分是通过餐具的材质、餐巾的摆放、插花的色泽以及灯光的照射等营造出来的。同时空间中的墙饰也是十分重要的，要注意不同氛围中插画、墙饰等都是有所不同的（图3-6）。

⊕ 图 3-6　酒店餐饮空间陈设设计

4．酒店玄关的处理

玄关是指公共空间进入私密空间的过渡性空间，具有一定的隐私性。为了丰富空间造型，酒店内的玄关一般呈半封闭的状态，例如，选用半透明玻璃、磨砂玻璃的材质，或在玄关上做雕花处理，这样不仅可以很好地分割空间，更是增强了空间的灵活性。

不同风格的酒店有其特有的陈设设计特点，只有准确定位酒店文化，并根据酒店文化陈设符合场景的陈设品，运用陈设艺术完美地表现出酒店空间蕴含的美学气质和丰富浓醇的人文环境，才能使宾客体会到真正的归宿感和精神上的享受。

3.2.4　办公空间

现代办公空间陈设设计的最大目标就是要为工作人员创造一个舒适、便捷、卫生、高效的工作环境，以便更大限度地提高员工的工作效率，建立一种人与人、人与空间、人与工作的融洽氛围，在满足方便办公的同时，力求展示公司企业形象、审美情趣等。

办公空间的陈设，主要体现在办公家具上。办公家具的款式越来越时尚化，像服装设计一样，推出新产品的速度不断加快，各种时尚元素在办公家具上同样会得到体现。随着工作人员的年轻化，越来越多企业喜欢现代简约风格的办公家具。办公家具突出强调功能性设计，设计线条简约流畅，色彩对比强烈，这是现代风格办公家具的特点（图3-7）。

✛ 图 3-7　办公空间陈设设计

　　现代办公家具的陈设以体现时代特征为主,没有过分的装饰,一切从功能出发,讲究造型比例适度、空间结构明确美观,强调外观的明快、简洁。体现了现代生活快节奏、简约和实用的特点。

　　办公空间的陈设设计不仅要满足人们的物质和生理的需求,同时也要满足精神和心理的需求;办公空间不仅是员工日常工作的场所,更是对外宣传、体现企业文化的有机载体。企业管理者希望办公环境既能达到提高工作效率并增加员工的归属感的目的,又能树立企业形象。因此,未来办公空间的设计焦点必然会转向企业文化差异与特色的塑造上。给员工一个高效、舒适、宜人的工作环境,给来宾以信心并使其相信公司的实力和品位,是办公空间陈设设计并关注的重点。

3.2.5　餐饮空间

　　陈设设计是餐饮空间设计的一个重要组成部分,也是对餐厅空间组织的再创造。人们在繁忙工作之余,去餐饮娱乐空间放松的人也越来越多,通过聚餐、聚会来缓解生活的压力,享受生活的乐趣。

　　餐饮文化是文化体现的一种方式,在餐饮空间中,家具及其陈设品的样式、风格为创造空间环境气氛起到了有效的辅助作用。而当那些具有浓郁文化特征的陈设品附属于这个空间时,就体现出餐饮空间的文化特征;同时空间的色彩设计搭配也是营造空间气氛非常重要的一个环节（图 3-8 和图 3-9）。

⬆ 图 3-8　餐饮空间陈设设计一

⬆ 图 3-9　餐饮空间陈设设计二

　　餐饮空间的分区有接待区、就餐区、烹饪区等，设计时应根据不同的空间类型及其对环境功能的要求，创造出富有特色的空间环境。这几个区域的大小比例因为经营方式的不同，会有很大的变化。餐饮空间的陈设饰品和家具的设计决定了用餐空间的氛围和特点。

　　另外，餐饮空间的设计还需考虑地域性，应结合当地传统文化，通过艺术处理和分析，营造出具有当地特色的餐厅。

3.3　室内陈设设计的主题选择

室内空间陈设设计的主题来源与选择的途径是多样的,作为设计师要善于灵活运用多种途径,明确空间主题,并进行主题的延伸与表现。在方案设计阶段,对于陈设设计主题的构思与确定,可以从两个方面,即从"纵向"与"横向"思维进行深度挖掘与思考。

3.3.1　主题选择的"纵向"思维

主题选择的"纵向"思维是指室内空间所处的环境,这种环境既包含了实际场地的地域文化和室内空间自身的既定风格,也包含了室内空间场地在设计前期所期望的场所精神诉求。在此基础上,室内陈设设计的主题则可以有所依托地从纵向的分支入手进行挖掘与选定。

1．地域文化

地域文化是指在地域范围内,伴随着人们长期的生产与生活逐步形成的一种较为鲜明的地方特色。地域文化总体由文化的物质表现与精神文化构成,具体可表现在多个方面,如当地的社会习俗、区域历史文化、建筑式样及地域材料、室内空间的装饰风格等。

美国的学者凯文林奇就曾在《城市意象》中指出:"似乎任何一个城市都存在一个由多个人意向复合而成的公众意向,或者说是一系列的公共意向,其中每一个都反映了一些人的意向。"人们通过直接或间接的感知与经验认知环境空间后,就会对空间地域环境形成一定的地域意象,这种意象也是地域文化最深层次的一种体现。

在实际的陈设设计过程中,任何一个场地空间都依托于所处的地域环境,因此,在进行设计主题的选定时,就可以从当地的地域文化中寻求灵感。如梳理凝练着地域建筑特色的文化符号,以及具有地域性特色的材料、肌理及建筑形式;探求具有历史文化渊源的代表人物、艺术品、文学作品等,从中探求设计主题的源点,并结合具体的陈设品设计与选配,进一步烘托整体室内空间环境的氛围、主题,强化整体室内空间环境的主题特征与文化。

2．场所精神

场所不等同于客观存在的物质空间,却又必须依托物质空间去表达和传递某种精神内涵与意义。每一个物理空间在经过建筑设计后,都应该有初步的场所指向。而后,室内设计进一步确立其场所精神,陈设设计则是在室内设计的基础上强化与提升场所精神。最终,当人们进入场所空间后,通过视觉、触觉等感官性的认知所形成的一种感官的意向,这就是场所精神。

场所精神的形成来自人们的生活经验及文化素养的累积。作为设计师,在进行设计的初始就应该确立明确的场所精神。在营造场所精神时,要善于理解与运用人们的视觉及心理认知,并结合空间进行一定的表现,最终才能完美地表现出既定的场所精神。

所以,在寻找与确立设计主题时,也可以从前期的场所精神的营造目标中寻求设计的灵感与抽取主题元素。

3．风格提炼

陈设品的组织系统是由其所从属的室内空间环境决定的,室内陈设设计首要与其所处的室内环境产生关联,陈设品的形态、材料等都是整体环境的一部分。除了特殊的改造项目,大部分的室内陈设品的选择与设计都要延续室内空间的基础风格。因此,在主题构思阶段,可以在确定风格的基础上,顺应风格去提炼关联的主题元素并进行延展。

3.3.2 主题选择的"横向"思维

主题选择的"横向"思维更多依赖的是设计师自身的专业素养、经验,独特的审美,以及善于捕捉设计灵感的能力。设计师可以通过多种途径,对当下的流行元素、设计创意、设计灵感进行捕捉与挖掘,并将其运用到主题元素的设计中。

1. 流行的元素

每一个时代的发展永远是基于历史的变化而进行的,设计行业的发展和走势也必定会形成每一个阶段的流行趋势,室内陈设设计也不例外。当下随着社会、经济、文化的综合发展,市场上的产品以及人们的审美都在产生新的变化,在一个时段内,人们对于室内陈设品的审美喜好也会受到一定影响。作为设计师,在牢固专业基础、把握经典设计的同时,也要善于捕捉当下较为流行的设计元素,以满足当下使用者的需求。

2. 创意与灵感

创意与灵感的产生看似瞬间迸发,实则是根植于设计师长期的设计积累,以及对于设计的深入认知,再结合具体的设计项目,进而碰撞出的灵感火花。产生的结果有着一定的随机性,但又离不开设计师的潜心思考。创意与灵感的来源是多样化的,可以将一滴水演变为一幅画,抑或是一个雕塑、一件家具、一个工艺摆件。设计师可以让思想驰骋,并任意发挥。

3.4 室内陈设设计的搭配原则

3.4.1 协调与统一

室内陈设设计的协调原则是指室内陈设设计在搭配时,应该在风格、样式、材料以及色彩等方面和谐统一,避免无序混搭。"大协调、小对比"是室内陈设设计遵循的原则。

3.4.2 比例与尺度

从空间的结构、家具的搭配,到细部的组织,都应该注重比例和尺度的问题。在室内陈设设计中,空间里的所有的物品都要掌握好尺度和比例,第一是要有宜人的尺度,第二是物品与物品之间要和谐。

3.4.3 节奏与韵律

在室内陈设设计中对同一种造型有规律地变化并重复排列,造型的突变、色彩的点缀,就能在空间层次上给人一种流动感、韵律感,这样就会产生有节奏的韵律和丰富多彩的艺术效果。节奏与韵律是相辅相成的,节奏是与直线、点有关的,那么可以说韵律则与曲线有关。

室内陈设设计的最终目的是在既定的室内空间环境内,营造出能够让人们获得情感认同并满足心理归属的场所。

3.5　室内陈设设计的应用原则

陈设设计是陈设品在有限空间里发挥装饰性与实用性的统称。将装饰性与实用性整合是室内设计的基本原则,是为了提高在有限空间内的审美要求,既具有独立性,又具有统一性。

1．满足大众对于使用功能的要求

陈设设计是美化和创造空间环境的一种艺术手法。在充分考虑到民众对使用功能要求的同时,加以创造审美使室内环境合理化、健康化、安逸化、人性化;不但具有舒适性,还具有观赏性;要考虑人们的活动和活动空间,符合人体工程学,空间尺度、空间关系与装饰陈设被整合并合理配置,使其与整体风格相和谐,从而改善空间环境中原有的单调性与枯燥感。

2．满足视觉与精神功能的要求

随着生活方式的改变,人们不仅追求物品的实用性与功能性,同时还要求将室内物品进行塑造搭配并创造出和谐、舒适、唯美的理想化环境,给人以精神上的享受和熏陶。陈设艺术利用装饰性物品内在的艺术性和外在的装饰形式,既可使人心境舒畅又陶冶情操,也改善了人们的心理压力和紧迫感。美的视觉享受,往往是把具有美的韵味和文化内涵的陈设艺术品带给人们的。

3．符合地域文化的要求

地域文化是宽泛的概念,具体是指一个地区的自然景观与历史背景。区域地理气候的差别造就了不同的行为样式,体现在人们迥异的衣着穿戴、饮食习惯、风俗习惯等方方面面。所以,陈设艺术在创造美的同时,也必须符合地域特征和风俗习惯及生活习俗。不同的地域特征培养出人们各种各样的生活习俗与人文习惯,地域的差异也决定了陈述艺术在空间环境上搭配的不同,其陈设的品类、色彩、造型、质感也有不同,但都应具有明显的地域风格特征。

3.6　室内陈设的手绘表现

陈设是一切空间中的主要配置要素,也是营造空间氛围的重要手段。室内陈设通常是指家庭室内陈设,包括家具、灯光、室内织物、装饰工艺品、字画、家用电器、盆景、插花、挂物、室内装修及色彩等。陈设手绘表现中,线条是灵魂和生命,需要不断地练习并熟练掌握,室内陈设的表现直接影响画面的空间效果和空间氛围。

3.6.1 灯具

灯具是指能透光、分配和改变光源光分布的器具,包括除光源外用于固定和保护光源所需的全部零部件,以及与电源连接所必需的线路附件。灯具是室内陈设设计中的重要元素之一,它主要用于室内的照明。灯具造型千差万别、风格各异,所以在选用时,应注意既要保持灯具与室内空间风格一致,又要体现灯具造型的特殊魅力。

在绘制灯具时,面对造型复杂的灯具,应化繁为简,把握灯具的对称及透视关系,注意灯饰的体积及明暗变化。

其中,灯罩的透视较难把握,这要求我们在透彻理解的基础上,总结出简单直接的方法。绘制灯罩时,我们可以先将其理解为简单的几何体,根据其所处的空间透视绘制辅助线,连接空间透视的消失点,这样灯罩的外形就确定下来了;再绘制整个灯具的对称线,确定形体;形体确定后,再深入刻画细节;最后检查形体的比例、对称、透视是否协调。这样通过先理解再反复练习,就能很好地掌握灯具的表达技巧(图 3-10)。

⬆ 图 3-10 灯具手绘表现

3.6.2 布艺织物

布艺的主要材料是布。经过艺术处理,可以达到理想的艺术效果,能够满足人们对生活纺织品的需求。室内布艺织物有窗帘帷幔、门帘门遮、被面褥面、床单床罩、毛毯绒毯、枕套枕巾、沙发蒙面、靠垫、台布桌布及墙上的装饰壁挂等。它们除了具有实用功能外,在室内还能起到一定的装饰作用。

选择家庭室内布置的织物纹样、色彩,不能孤立地单看其自身的质地和美观与否,还要考虑它在室内的功能,以及它在室内布置的位置、面积大小及其与室内器物的关系和装饰效果。室内面积较大的织物,例如床单、被面、窗帘等,一般应采用同类色或邻近色为好,容易使室内形成一个色调。面积较小的织物,如壁挂、靠垫等,色彩可以鲜艳一些,纹样适当活泼一些,以增加室内活跃气氛。

1. 帷幔

在陈设简洁的居室中,有时用面积比较大、纹样简洁、色彩纯度较高的帷幔来衬托,也能起到令人感觉明快及装饰性较强的艺术效果。

2. 沙发套、台桌布

一般说来,织物和家具的关系是背景与衬托的关系。如家具上覆盖织物,要利用织物和家具的材质对比更好地衬托出家具的美观、大方;如粗纹理的麻、毛织物、棉织品、草编品,可以衬托出家具的光洁,并和简练的家具构成一种自然、素朴的美(图3-11)。

❶ 图3-11 布艺织物表现(李鸣)

3. 窗帘、挂帘、帷幔

窗帘、挂帘、帷幔既有实用性,又是装饰性的织物,所以配置时既要结合时令的变化,又要注意陈设的方式。夏天窗帘的颜色宜素淡、半透明为好;也可以挂竹帘,既能遮阳光,又能通风。冬天的窗帘颜色可以稍重一些。窗帘的挂法也很多,有单幅的,也有双幅的;双幅可以左右拉开,也可两幅上下安排;按照需要,可以拉开上面一幅,也可以拉开下面一幅。单幅拉开时,可以是垂挂式,也可以是半弧式;双幅左右拉开时,可以是垂挂式,也可以是两边半弧式,形成“人”字形,这要取决于个人喜好。

挂窗帘也能保暖。不同材料的窗帘,保暖性能也不同。绒料、人造纤维、府绸、网眼四种材料中,绒料保暖性能最好,网眼最差。窗帘长,保暖性也好;窗帘仅到窗户下沿,保暖性就较差。所以,根据四季的变化,可以更换窗帘,使室内温度相应地变化。

在表达布艺窗帘时,线条要流畅,向下的动态要自然。需注意转折、缠绕和穿插的关系。表达布艺花纹时,需根据窗帘褶皱、缠绕、穿插发生相应的变化,流畅自然,不可生硬(图3-12)。

4. 抱枕

抱枕的表达需注意枕头的明暗变化及体积厚度,有了体积厚度,就能很好地表达物体的体积感。在绘制抱枕时,可先将抱枕理解为简单的几何体,通过几何体形态把握大的透视关系,用流畅的弧线勾勒外形,再根据织物的肌理、褶皱、明暗光线的变化等进行细节处理,这样抱枕就被生动地描绘出来了。在绘制抱枕时,用线不能过于生硬,最好使用轻松流畅的抖线,注意抱枕的形体、体积感、质感及光影关系。当有一组抱枕放置在一起时,还需要注意穿插及前后遮挡关系(图3-13)。

总之,织物能使空间氛围亲切、自然,可运用轻松活泼的线条表现其柔软的质感,织物没有具体的形体,这增加了手绘表现的难度,容易表现得过于平面化,缺乏其应有的体积感,织物的质地也不能很好地表达出来。

⊕ 图 3-12　窗帘表现

⊕ 图 3-13　抱枕表现

5．室内绿植

　　室内绿植在整个室内布局中起到画龙点睛的作用,在装修布置中,常常会遇到一些死角不好处理,这些死角用植物装点会起到意想不到的效果,如墙角、转角、楼梯下等位置,利用植物装点可使空间焕然一新。

　　盆栽是室内绿植最常见的形式,是一种园林艺术,因其便于种植的方式而进入家家户户(图3-14～图3-16)。它具有绿色环保、健康、干净、时尚、观赏性极强的特点,在室内摆放绿植近年来在欧美等发达国家已经成为一种流行趋势。随着经济的发展,生活水平不断提高,人们对生活品质追求也更高,室内盆栽已经成为室内陈设不可或缺的一部分。

⊕ 图 3-14　室内盆栽表现一

⊕ 图 3-15　室内盆栽表现二

⊕ 图 3-16　室内盆栽表现三

另外,在绘制效果图时,绿植在画面中存在近景、中景、远景之分,即近处的植物、中间的植物、远处的植物,这在效果图表现时,需处理好植物的前后、虚实关系。

近景植物:常用来平衡画面构图,做收边处理,使整个空间更加生动,构图更为合理,画面处理整体感更强。在表现植物时,多注意植物的生长动态、枝与叶的穿插关系及其形体,并注意虚实处理。

中景植物:指画面视觉中心的植物。这是刻画的重点,绘制时需注意植物本身的生长习性、枝与叶的穿插关系、前后疏密关系以及与其他室内陈设物品的前后遮挡关系。

远景植物:主要指阳台或窗外的植物。窗外的植物主要起到烘托室内氛围的功能,绘制时需做虚化处理,用简单轻松的线条勾勒植物的外形即可。

3.7　室内陈设表现范例

室内陈设设计有其自身的配置规律,我们在手绘表现时,需抓住形体外轮廓,把握透视,找准消失点,强调形体关系,尽可能多角度、多方位地对室内陈设设计进行表现,这样有利于开拓设计师的创造性思维,提升设计师的审美能力,并应用到具体的设计案例中,使设计与表达实现完美结合(图 3-17 ～图 3-21)。

室内陈设中的陈设品是必不可少的,在室内空间中占有很大的比例和很重要的地位,对室内环境效果会产生很大的影响。陈设品不仅仅是室内的点缀,同时也反映了室内设计的品质。陈设品本身并不具有实用性,但它的装饰性和美观性是其他物品所不可替代的,它不仅可以营造出视觉效果较好的室内气氛,还可以提升室内空间的格调。

✚ 图 3-17　室内陈设表现范例一（刘志伟）

✚ 图 3-18　室内陈设表现范例二（刘志伟）

图 3-19　室内陈设表现范例三（刘志伟）

图 3-20　室内陈设表现范例四（刘志伟）

✤ 图 3-21　室内陈设表现范例五（李鸣）

习　　题

1．在方案设计阶段，对于陈设设计主题的构思与确定，需从哪几个方面去挖掘与思考？

2．简述室内陈设设计的搭配原则。

3．完成图幅大小为 A3 纸的室内陈设习作 3 张，其中灯具、布艺织物、室内绿植各一张。

第4章
室内家具手绘表现

家具是指人类维持正常生活、从事生产实践和开展社会活动必不可少的一类器具。家具也跟随时代的脚步不断发展创新,到如今门类繁多,用料各异,品种齐全,用途不一;家具是室内陈设设计中体积最大的陈设物品之一,是家庭生活不可缺少的部分;不同的家具有不同的功能,有的具有能够供人们坐、卧的休憩功能,有的具有存储功能,有的具有一定的装饰功能。

4.1 家具单体练习

家具手绘练习要先易后难,先从单体临摹开始,再逐步加大难度,在力求造型准确的前提下,表达家具的材质。造型是整个手绘的关键,准确的造型表现对于思维的呈现已经成功,材质的表达则是锦上添花,它在造型的基础上使家具更充实丰满,带来更多材质美感及搭配效果。

1. 沙发、椅凳类

家具设计手绘表现主要分为两部分,一是造型表达, 二是材质表达。造型表达尤为重要,没有精准的造型表达,材质的表达就缺乏载体,毫无意义。在家具手绘练习中,如单体沙发,可以先将沙发的复杂形体简单化,将形体几何化处理,把握透视的准确性,然后再深入细节 (图4-1)。其具体步骤简要概括如下。

(1) 根据透视原理,将沙发理解成简单几何体,并准确绘制。

(2) 绘制出沙发进深及扶手厚度。

(3) 依次绘制沙发靠背、沙发坐垫的厚度、沙发脚及地面投影,并绘制抱枕加以点缀。

在确保透视及形体准确后,进一步深化细化,刻画家具的装饰细节、图案、材质等。

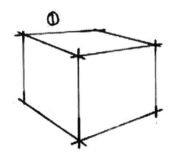

🔶 图4-1 沙发练习步骤

沙发的靠垫、坐垫、扶手高度需根据透视近大远小的特点调整体量。同时线条的软硬也要根据材质特性灵活处理,硬质材质的椅腿或者其他偏硬的材质需要用刚硬一点的线条,而布艺、软装饰品等可以用曲线表达材质的柔软(图4-2)。

⊕ 图4-2 沙发手绘表现

椅凳类家具因其种类繁多、风格多样、造型各异,故而没有统一的绘制方法和步骤。绘制时一定要确保形体及透视准确,可以先用铅笔将家具基本轮廓确定,再用钢笔勾勒形体,最后深入细节,绘制装饰图案、家具投影等。完稿后,擦掉铅笔痕迹(图4-3~图4-6)。

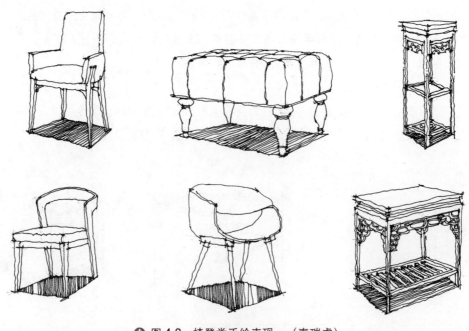

⊕ 图4-3 椅凳类手绘表现一(秦瑞虎)

🛈 图 4-4　椅凳类手绘表现二（秦瑞虎）

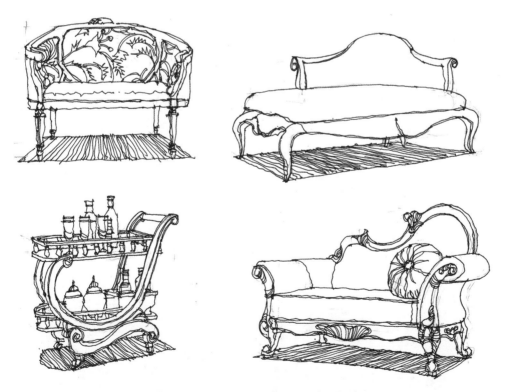

🛈 图 4-5　椅凳类手绘表现三（秦瑞虎）

⊕ 图4-6 椅凳类手绘表现四（秦瑞虎）

2. 床

床是卧室不可或缺的、供人睡卧的生活用品，是满足人类休息、睡眠的家具。其基本组件包括床头、床尾、床板、床垫、床腿、床头柜等。经过千百年改进设计，床的形式有架子床、箱体床、气顶床、上下床等；细分款式有平板床、双人床、动力床、多功能床、折叠床、四柱床、双层床等。

在绘制时，首先需要掌握床的结构，注意床的长宽比例、空间尺度、透视关系等要素，在此基础上准确绘制出床的形体。床上的床单、被子、抱枕等配饰表现可根据材质的特性用曲线绘制（图4-7）。其具体步骤如下。

⊕ 图4-7 不同透视角度床的手绘表现

（1）根据透视关系，确定消失点，绘制出床的大致轮廓。

（2）绘制出床的基本形体及床的结构穿插关系，强调形体结构虚实关系。

（3）绘制床上的配饰，如抱枕、床垫、床单等，注意质感的表达。

（4）刻画投影，统一暗面，注意光影变化。

3．茶几、柜类

茶几是放置茶具的家具，一般都是布置在客厅沙发的位置，就其形态可分为方形、圆形及不规则形；就其材料可分为大理石茶几、木质茶几、玻璃茶几、竹藤茶几等。

柜类主要指储藏和陈列物品用的家具，包括电视柜、书柜、橱柜、衣柜、酒柜等。按柜体结构形式可分为单体柜、组合柜、悬挂柜三种。单体柜功能比较单一，如衣柜、书柜、食品柜等。组合柜可根据使用要求和环境条件进行多种方式的组合，同时具备储藏、陈列、支撑等多种功能。组合方式有单体组合和部件组合两种。单体组合由系列单体柜，按一定尺寸比例，以叠积、多向、并列三种方式组合；部件组合是由各种规格系列的板式部件，通过连接件组装而成。悬挂柜是将柜体悬挂在墙上或支架上，可较多地利用空间，但必须考虑不要妨碍人们活动。

茶几、柜类种类繁多，造型各异，在绘制时都需遵循一个原则：复杂形体几何化。从几何形体出发，进一步演变成家具形体；确保透视及形体准确，并兼顾大小比例关系（图 4-8 和图 4-9）。

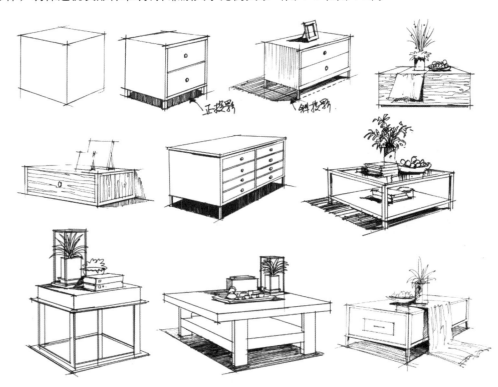

🔹 图 4-8　矮柜、茶几手绘表现

家具表现透视与形体非常重要，家具主要以几何形态为基础，家具的纵深效果、家具部件与部件之间前后的关系都是通过透视表现出来的，透视一旦出现错误，形体就会出问题，因此透视对于家具的重要性较其他方面而言更大。家具虽然多几何形态，但其细节非常多，而细节往往是设计的亮点，是设计人性化的体现，所以在熟练掌握家具整体造型的基础上，还需在家具细节表达上再投入时间。缺乏细节表现的家具手绘锻炼，难以引导学生对设计深入思考。

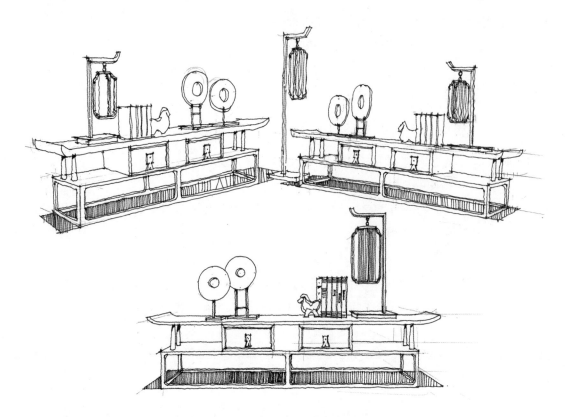

⊕ 图 4-9　展示柜不同角度的手绘表现（秦瑞虎）

4.2　家具组合练习

　　家具手绘学习从单体的临摹、写生开始，但绝不仅仅于此。家具个体不是单独存在的，家具单体与单体之间，家具与空间之间是相互依存的。因此，在家具单体练习之外，还要着重锻炼学生对整套家具的表现能力及对家居空间中家具的表现能力。整套家具表现相较于单体家具而言难度较大，不仅要考虑家具单体之间的位置关系、比例关系和透视关系等，还要考虑搭配在一起的整体效果，因此这个过程会极大地锻炼学生的空间思维能力和整体协调能力（图 4-10 ～图 4-14）。

⊕ 图 4-10　沙发、茶几组合练习一（秦瑞虎）

✪ 图 4-11　沙发、茶几组合练习二（沈先明）

✪ 图 4-12　沙发、茶几组合练习三（沈先明）

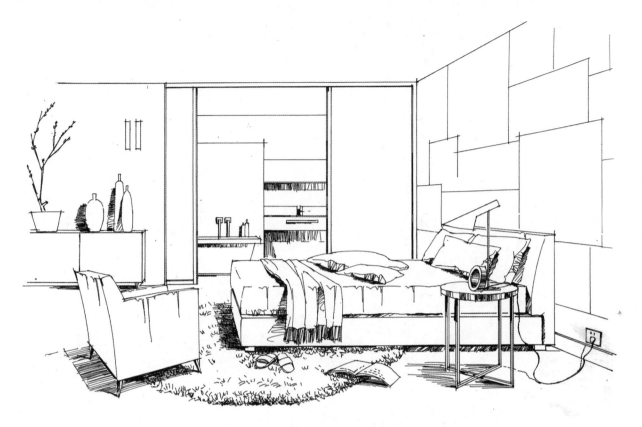

图 4-13　床组合练习一（沈先明）

图 4-14　床组合练习二（沈先明）

4.3　家具练习范例

在家具手绘教学过程中,不少学生常常迷茫于线条的表达方式,是选择室内设计效果图中常使用的速写的自由线条,还是使用工业设计表现中常用的理性、流畅线条? 这个问题纠结的根源在于对家具手绘表现的目的没有搞清楚。家具手绘的目的在于快速记录自己的思维,不在于线条是否优美,因此无论是速写的方式还是流畅的线条都可以（图 4-15 ～图 4-22）。

⊕ 图 4-15　家具练习范例一（秦瑞虎）

⊕ 图 4-16　家具练习范例二（秦瑞虎）

速写功底较强的学生,可以选择速写的方式,由于速写的线条较为自由,略显凌乱,在家具手绘表现中可以稍加收敛,以达到清晰、明朗、轻松的效果;而绘画基础较弱的学生,可以选择重新开始练习流畅线条。无论是哪种线条表达方式,在线条的绘制过程中,手都应该跟着心里的框架,尽量用整根线条来绘制,即使结构复杂也可以分为两三段来绘制,应避免用短小的线条漫无目的地重复。这个过程锻炼的是清晰的空间想象能力,以及手和脑的协调能力,不断重复会让思维停顿,使空间构架崩塌。

⬆ 图 4-17　家具练习范例三（秦瑞虎）

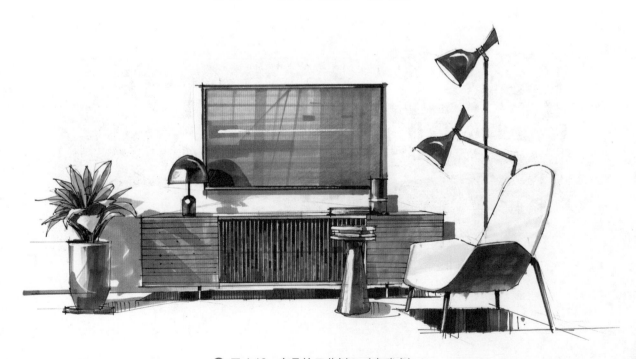

⬆ 图 4-18　家具练习范例四（秦瑞虎）

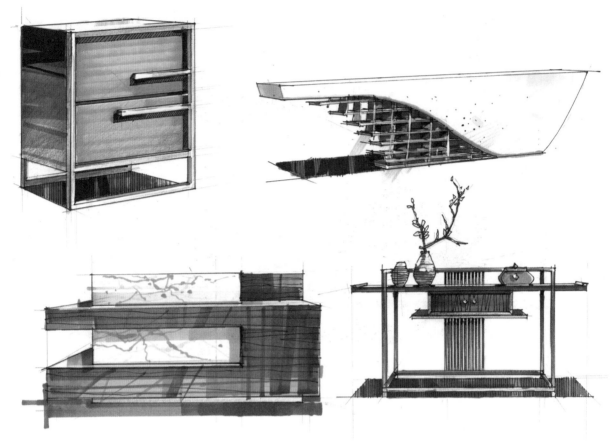

✛ 图 4-19　家具练习范例五（秦瑞虎）

✛ 图 4-20　家具练习范例六（秦瑞虎）

室内设计与手绘表现

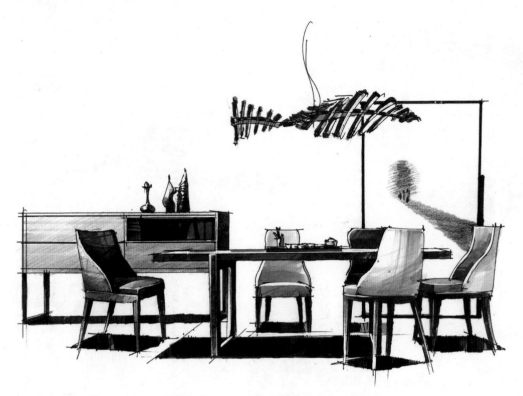

⬆ 图 4-21　家具练习范例七（秦瑞虎）

⬆ 图 4-22　家具练习范例八（秦瑞虎）

习　题

1. 完成沙发单体及沙发组合习作各 1 张，沙发组合包括单人沙发、三人沙发、茶几及相关的陈设品。

2. 完成不同角度的床的组合习作 2 张，包括床、床头柜以及相关的陈设品。

提示：以上习作图幅大小均为 A3 纸。

54

第 5 章
室内常见透视解析

5.1 关 于 透 视

透视一词源于拉丁文 perspclre,意为"看透"。室内手绘效果图中的透视是指在平面纸张上描绘物体的空间关系,用笔准确地将三维空间的物体描绘于二维平面上,在平面上得到相对稳定的立体特征的空间画面。

透视关系是室内效果图的支撑骨架,透视理论的理解及掌握是非常重要的环节。对学生而言,需要深刻理解设计透视的基本理论。在本章内容中,要求学生主动思考问题和解决问题,通过运用简洁的透视作图方法来表现室内空间的穿插、层次关系以及空间的造型形式,掌握空间尺度和比例。通过有效的透视练习提升学生们快速、生动、正确表现室内设计概念的能力,增强信心,并最终促进学生设计能力的提高。

对艺术工作者而言,透视是手绘设计图的基础,特别是室内设计师,运用透视的原理将设计内容通过平面图、立面图、效果图等形式,勾画出立体、真实、确切的空间结构,再加之材料、色彩、构图、笔法的运用,俨然创作出一幅艺术作品。如果透视不准确,所表现的空间将会失真,容易给客户造成错觉。透视作为手绘设计图的基础,也是最容易出错的地方。因此,加强手绘透视的练习,是提高设计图纸手绘表现的根本。

对手绘专业教师而言,透视的基本理论及方法步骤是重点、难点,需要精讲,要求学生不仅理解透视原理,更能熟练掌握方法步骤,并正确画出效果图的透视关系。

在室内设计效果图中常见的透视原理有一点透视(平行透视)、一点斜透视和两点透视(成角透视),本章需要学生掌握并利用这些透视原理将三维立体空间正确地表现在二维画面中,这是室内设计概念视觉化表现的基础,更有益于学生们室内设计思维的拓展。无论是手绘还是计算机效果图,合理的透视角度、丰富的空间层次都是至关重要的。

5.1.1 透视种类

透视主要分为三种,分别是线性透视、虚实透视以及色彩透视。

线性透视是近大远小,指物体穿过人眼(凸透镜)在视网膜上的投影,所呈现出近大远小的透视规律,线性透视含一点透视、两点透视、三点透视。

虚实透视是近实远虚。产生这种空间关系的原因是空气中有许多小的灰尘,透过空气看东西就是透过无数的磨砂玻璃。所以越近的就越清楚,越远的越模糊,进而导致近实远虚的透视现象。

色彩透视是近暖远冷。产生的原因是空气中的颗粒在自然光漫反射影响下,颜色发冷、发蓝,所以越近的物体色彩纯度越高,越远的物体色彩越灰越蓝。最简单的例子就是看远处的山,山顶的颜色比山脚显得冷。

5.1.2 透视基本原理

透视学的基本概念和常用名词很多,有视点、足点、画面、基面、基线、视角、视圈、点心、视心、视平线、灭点、消灭线、心点、距点、余点、天点、地点、平行透视、成角透视、仰视透视、俯视透视等。在这里不一一介绍,仅结合室内设计常用的线性透视介绍相关概念。

线性透视首先就是近大远小,离视点越近的物体越大,反之越小;其次,不平行于画面的平行线,其透视交于一点,透视学上称为灭点。为了更好地描述透视原理,还必须了解各部分的名称,如图 5-1 所示。部分术语的作用说明如下。

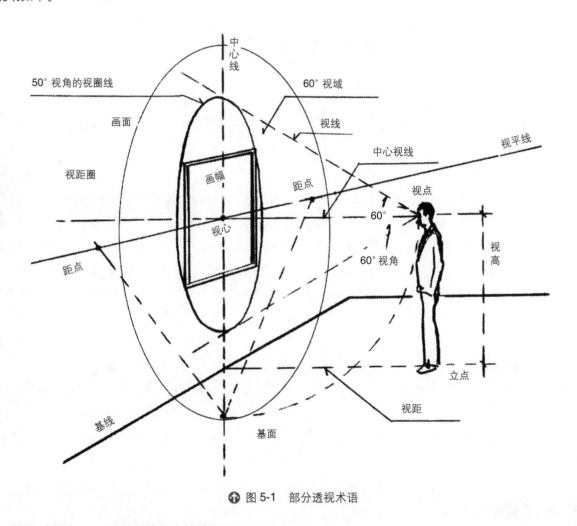

⊕ 图 5-1 部分透视术语

基面(GP)——建筑形体所在的地平面。

画面(PP)——人与物体间的假设面(垂直投影面)。

基线(GL)——画面与基面的交线。

视点(EP)——投影中心,相当于人的眼睛。

立点(SP)——人站立的位置,也称站点。

视平线(HL)——观察物体时眼睛的高度线。

灭点(VP)——平行线在透视图中在无穷远交会集中的点,也称为消失点。

视角——视点与任意两条视线之间的夹角。

视域——眼睛所能看到的空间范围。

天点（T）——视平线上方消失的点。

地点（U）——视平线下方消失的点。

心点（CV）——也叫主点，是视中线与画面的交点，也是视点在画面上的垂直投影。

建筑室内外透视分平行透视（一点透视）、成角透视（两点透视）、三点透视三种类型。一点透视表现范围广，纵深感强；两点透视表现较为灵活；三点透视主要用于表现仰视图和俯视图。

5.2 一 点 透 视

一点透视也称平行透视。在一点透视图中，人与主观察面平行，物体轮廓线有两组与画面平行，所以主观察面PP没有透视变化。垂直面在透视图中消失于画面的唯一灭点，产生近大远小的感觉；视平线的高度影响观察面（图5-2）。这种透视作图简便，使用范围广，纵深感强，能示意出主要立面正确的比例关系，适合表现能显示纵向深度的建筑物或室内空间，适合表现庄重、严肃或者对称的室内空间，如会议室、礼堂和中式空间，但画面效果与两点透视相比略显呆板。

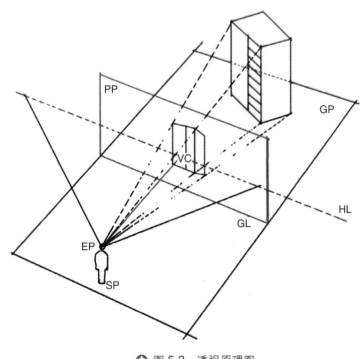

⤊ 图 5-2 透视原理图

5.2.1 一点透视步骤详解

一点透视是当观察者正对着物体进行观察时所产生的透视图，与此对应的是观察者与物体成一定角度的观察方法。一点透视法中观察者正对消失点，因此当观察者移动时，消失点也相应移动。

一点透视易学易用，假设一客厅平面图宽4m，进深5m，室内净高3m，室内家具布置如图5-3所示，用一点透视原理表现其空间效果图，具体步骤如下。

（1）按比例确定内墙面 ABCD，每段刻度等长，在高为 1.2 ~ 1.5m 位置绘制出视平线，并在视平线上确定灭点 VP，通过 VP 连接 A、B、C、D 四点并延长；将 AB 线向左延长，按比例标出进深的刻度，每段刻度与内墙刻度一致（图 5-4）。

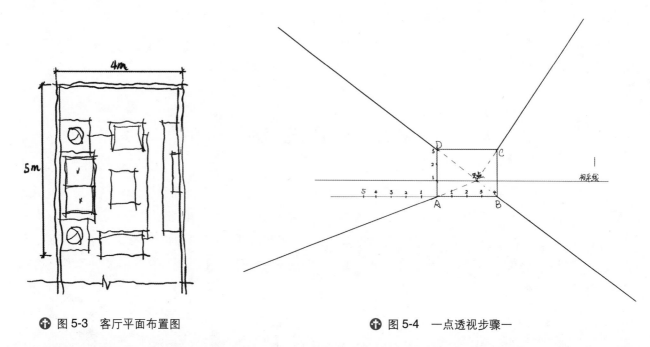

⊕ 图 5-3　客厅平面布置图　　　　　　　　　　⊕ 图 5-4　一点透视步骤一

（2）在视平线左边确定量点 M 点（一般 M 点位置应超过进深刻度线），通过 M 点连接进深刻度线，并延长交于墙角线。通过交点作平行线，将进宽刻度线与灭点连接并延长，得出室内网格透视图（图 5-5）。

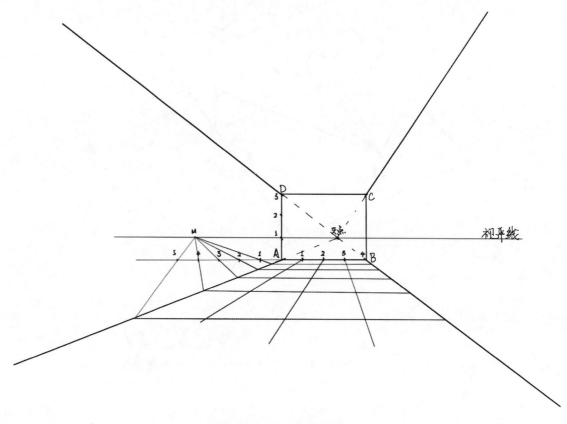

⊕ 图 5-5　一点透视步骤二

（3）在室内网格透视图的基础上（每个网格都是 1m × 1m 的尺度），绘制出家具在空间上的平面投影（图 5-6）。

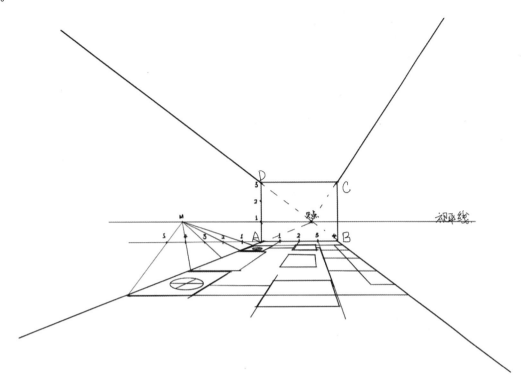

⊕ 图 5-6　一点透视步骤三

（4）通过家具平面投影作垂线，在内框线 AD、BC 上标出家具的相应高度，连接灭点 VP 并延长，与家具垂线的交点就是家具的高度。高度确定后，即可完成家具的大致轮廓（图 5-7）。

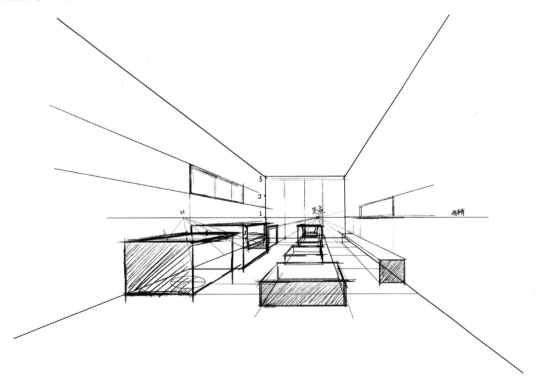

⊕ 图 5-7　一点透视步骤四

（5）进一步绘制家具形体、墙面造型、顶棚造型等（图5-8）。

✿ 图5-8　一点透视步骤五

（6）深入细致刻画家具形体、材质、投影及明暗、虚实关系，擦除辅助线，收拾画面，完成一点透视线稿绘制（图5-9）。

✿ 图5-9　一点透视步骤六

总结：为了使画面显得生动，其消失点最好在视平线上稍稍偏移画面1/4 ～ 1/3 的位置为宜。而视平线在室内效果图表现中一般定在整个画面靠下的1/3 左右处。

5.2.2　一点透视快速作图

在室内效果图表达中，按严格的尺规作图画法准确可靠，但太过烦琐，费时费力。在熟练掌握透视原理后，可简化步骤，凭感觉巧妙定点，迅速绘制出一点透视室内空间，步骤如下。

（1）首先确定构图及画面的大致范围。

（2）在画面稍微偏下方（室内空间中为 1.2 ～ 1.5m）的位置画一条视平线。

（3）在视平线上确定灭点，灭点的确定由室内空间的主次构成而定，假设需要表达右边多些，则灭点靠左；如若需表达左边多些，则灭点靠右；也可正中布置，但画面会略显呆板。

（4）确定室内家具的高度，画出垂直线，连接各个消失点，家具的体块就基本成型。

（5）最后观察一下体块在画面中的位置是否合适、均衡，否则就要调整视平线和灭点的位置（图 5-10 和图 5-11）。

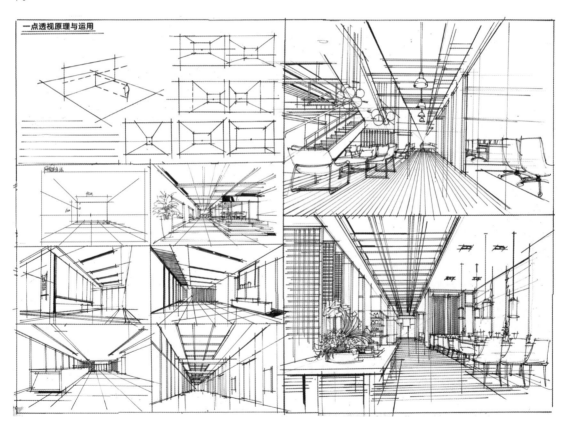

⊕ 图 5-10　一点透视快速表达

5.2.3　一点透视空间表现特征

一点透视在室内设计空间表现中应用广泛，其空间表现特征有：立方体的透视只有一个消失点；所表现的物体只有长、宽、高三组主要方向的轮廓线，且立方体的其中一面与画面平行的透视形式；一点透视具有非常强的说服力和表现力；表现范围广、涵盖的内容丰富。因此，设计师都非常愿意运用一点透视来表现室内空间。

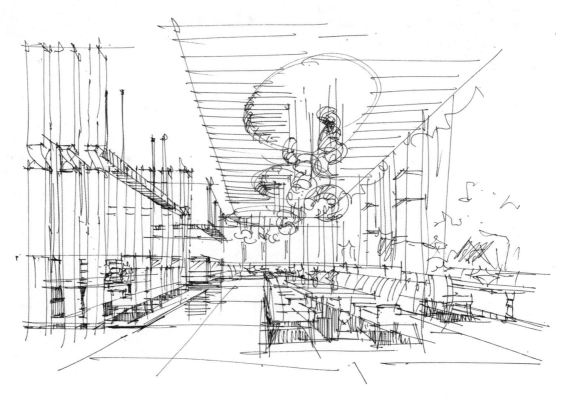

✿ 图 5-11　一点透视空间草图快速表达（秦瑞虎）

5.2.4　一点透视空间表现范例

一点透视空间表现范例如图 5-12 ～图 5-15 所示。

✿ 图 5-12　一点透视空间表现范例一（邓蒲兵）

图 5-13 一点透视空间表现范例二（邓蒲兵）

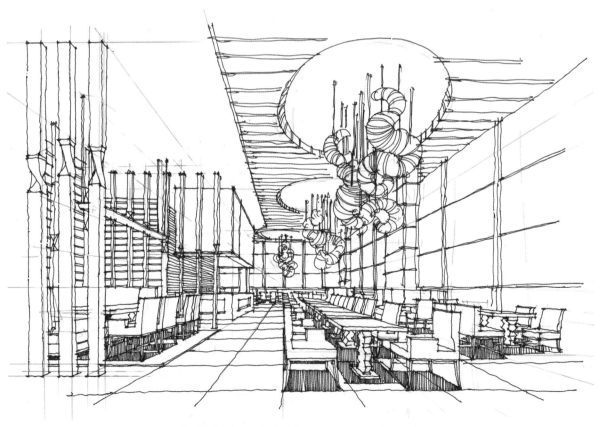

图 5-14 一点透视空间表现范例三（秦瑞虎）

⬆ 图 5-15　一点透视空间表现范例四（孙大野）

5.3　一点斜透视

一点斜透视是一点透视和两点透视的结合,两个消失点同时具有一点透视的框架,易于表达空间的五个主体面,不失活泼生动,且适合表达各种空间。

5.3.1　一点斜透视步骤详解

（1）参照一点透视,按比例绘制出内框,在框内约 1/3 处绘制视平线,确定灭点并连接,确定空间的大致轮廓（图 5-16）。

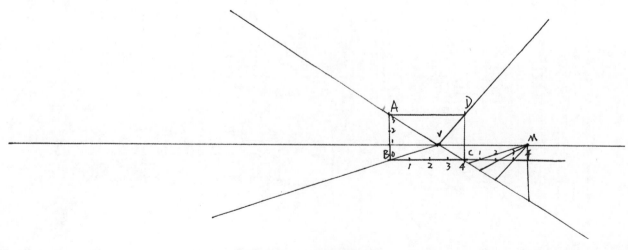

⬆ 图 5-16　一点斜透视步骤一

（2）在地平线上按比例标出空间进深尺度线，在视平线上确定 M 点，连接 M 点并延长，交于墙角线，形成画面右边的空间进深点；在视平线上的左边确定 M' 点，通过 M' 点连接画面右边的进深点，交于左边墙角线上的点，完成室内空间透视网格（图 5-17）。

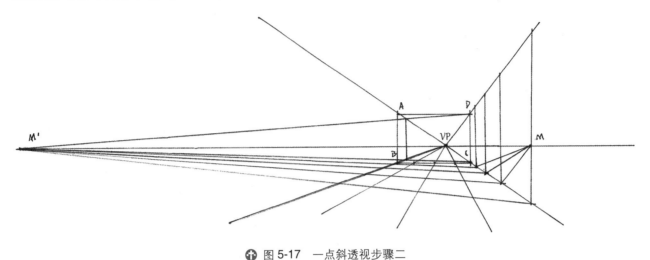

⬆ 图 5-17　一点斜透视步骤二

（3）根据进深、进宽透视网格线，确定家具在地面上的平面投影位置（图 5-18 ）。

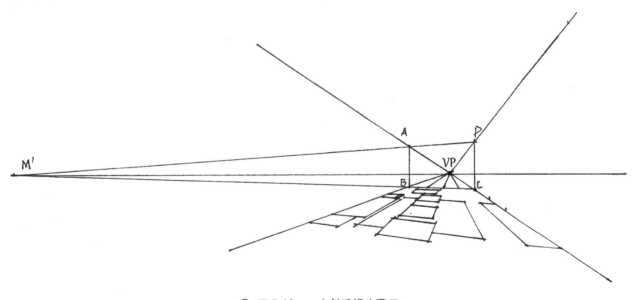

⬆ 图 5-18　一点斜透视步骤三

（4）通过地面投影作室内家具的垂直高线，并向灭点 VP 消失，完成家具形体绘制（图 5-19）。

（5）深入刻画家具形体、材质、投影等，刻画墙面装饰、顶棚灯具、室内绿植等，擦除多余的辅助线，进一步收拾画面，完成线稿（图 5-20）。

5.3.2　一点斜透视空间表现范例

一点斜透视空间表现范例如图 5-21 ～图 5-24 所示。

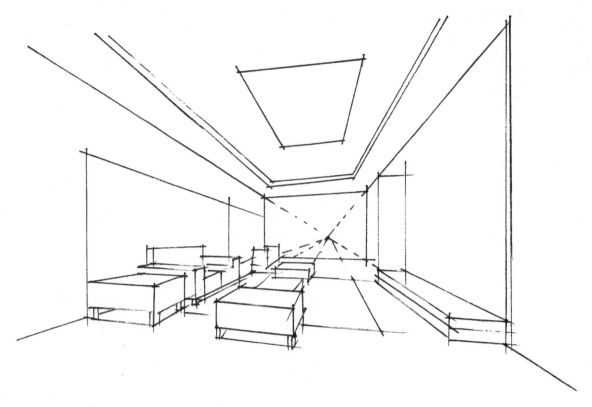

✛ 图 5-19　一点斜透视步骤五

✛ 图 5-20　一点斜透视步骤六

图 5-21　一点斜透视空间表现范例一（徐志伟）

图 5-22　一点斜透视空间表现范例二（沈先明）

✜ 图 5-23　一点斜透视空间表现范例三（秦瑞虎）

✜ 图 5-24　一点斜透视空间表现范例四（秦瑞虎）

5.4 两点透视

两点透视是建筑制图中的另一种表现形式,也称成角透视,是景物纵深与视中线成一角度的透视景物的纵深,因为与视中线不平行,而向主点两侧的余点延伸直至消失。两点透视画面效果比较生动、活泼,反映空间比较接近人的直接感受,但通常只能表现出两个墙体,适合表现家具较少的简单空间,如书房、餐厅、厨房等。

在两点透视的画面中,消失点 VP1 和 VP2 的距离越近,透视越强,同时也容易产生透视失真的现象;反之,VP1 和 VP2 两个消失点的距离越远,透视越弱。因此,在绘制室内空间透视效果图前,应先了解室内透视网格画法(图 5-25)。其步骤如下。

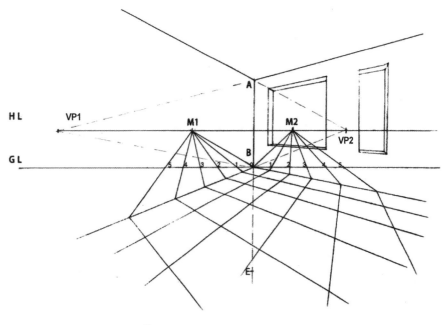

⊕ 图 5-25 两点透视网格画法

(1)按照一定比例确定真高线(墙角线)AB,兼作量高线;

(2)在 AB 间确定视平线 HL,一般在量高线 AB 的 1/3 左右处;

(3)过 B 点作水平的辅助线 GL,并按比例标出该空间的净宽与净深;

(4)在视平线 HL 上确定消失点 VP1、VP2,并通过 VP1A、VP2A、VP1B、VP2B 作出室内空间的墙边线;

(5)以 VP1 为圆心,以 VP1 至 VP2 的距离为半径画弧,与 AB 的延长线相交,以此确定视点 E;

(6)根据 E 点,分别以 VP1、VP2 为圆心,以 VP1E、VP2E 为半径画弧,分别与视平线 M1、M2 相交,以此确定量点 M1、M2;

(7)通过量点 M1、M2 连接 GL 上的尺寸点,其延长与墙角线相交;

(8)分别通过消失点 VP1、VP2 与墙角线上的交点连线,再进行延长,求出室内透视网格图。

5.4.1 两点透视步骤详解

在理解室内透视网格的基础上,完成两点透视室内空间效果图,将步骤大致分解成以下五步。

(1)确定画面构图、视点水平位置和视高。按所设计的室内平面布置图,确定特定的画面位置,按比例尺确定所要表现空间的墙角线 AB 为空间的真高线,并使画面与水平线之间的夹角呈 30°或 60°特殊角。然后通过 AB 线作视平线 L（视平线定在高 1m 左右）,在视平线的两端定出消失点 VP1、VP2,并通过 VP1、VP2 分别作点 AB 的射线（图 5-26）。

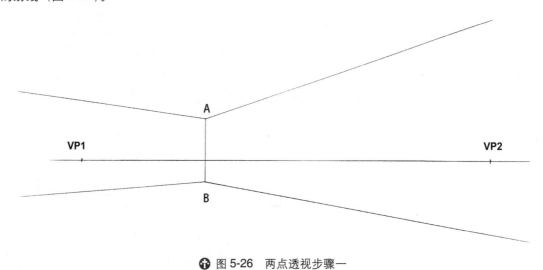

✿ 图 5-26　两点透视步骤一

　　这一步是非常重要的环节,画面构图、视点及视高的确定直接影响画面的最终效果。在两点透视的室内效果图中,接近画幅边缘的物体往往会因视角过大而产生视觉失真的现象,因此视距取值与绘制建筑形体透视时要小。为了得到清晰满意的透视图,本法按照以视中线为对称轴控制视角为 60°的原则,过墙角点 A 和 B 各作与画面呈 60°夹角的直线,夹角内便是合乎要求的视角范围。

　　为了能清晰见到室内所有物件体积的两个竖直面,避免在透视中使任何体积的两个竖直面变为一面一线,必须再将视心位置略作调整,但应限制在画宽中间 1/3 范围内调整,以达到最佳的视觉效果。

　　(2) 根据空间物体的尺度比例关系,在已作空间中作出物体在空间中的投影及比例关系（图 5-27）。

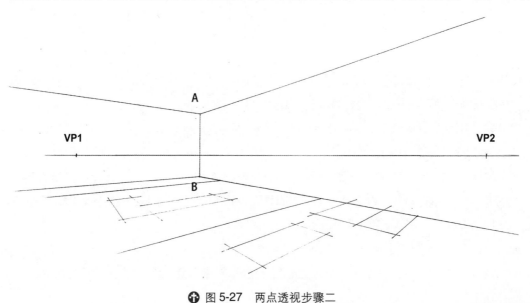

✿ 图 5-27　两点透视步骤二

　　(3) 在平面图上,门窗和室内陈设布置的具体位置沿开间和进深两个方向先在相邻两墙的墙脚线上定出分割点,然后用量点法确定其透视位置。根据尺度比例,确定墙面的结构比例关系,绘制出主要墙体及窗户的大致轮廓（图 5-28）。

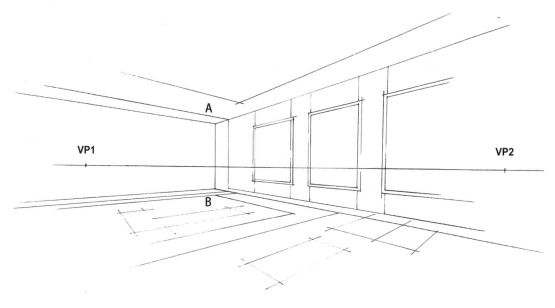

⊕ 图 5-28　两点透视步骤三

（4）利用真高线 AB，绘制出室内每一物件的实际高度（参照一点透视求高的方法），并连接灭点得出透视高度，作出物体在空间透视中的形体方盒子，这样就不难作出它们的轮廓透视，并在此基础上进一步绘出它们的细部透视（图 5-29）。

⊕ 图 5-29　两点透视步骤四

（5）绘制出基本形体后，利用手绘表现技巧，深入刻画家具形体及空间关系，包括家具材质、明暗关系、前后虚实等，完成线稿绘制（图 5-30）。

总结：选择合理的视点，利用水平线呈特殊角度控制画面位置，配合运用量点法作图，使整个作图过程大为简化，易于掌握并运用；无论是室内整体空间还是局部细节，都不可能超出"控制视角"，因而也就消除了出现任何透视失真现象的可能。此外，两个灭点一远一近，这就增强了两个成角竖直面的透视对比，丰富了画面形象。

❶ 图 5-30　两点透视步骤五

5.4.2　两点透视快速作图

在快速表现室内效果图中,因按严格尺规作图画法,费时费力,在熟练掌握透视原理后,也可像一点透视快速作图那样简化步骤,迅速绘制出两点透视室内空间。其步骤如下。

(1) 首先确定视平线的高度,再观察室内空间的高度,决定大体结构线的倾斜角度,确定两点透视的两个消失点。

(2) 根据室内结构线连接消失点,确定墙面窗户造型,确定室内家具及陈设品在地面上的位置。

(3) 通过真高线确定家具高度,并连接灭点,确定透视关系,完成家具形体绘制。

(4) 对画面整体加以处理,包括投影、黑白灰关系的着重处理,并对材质进行刻画,完成线稿(图 5-31)。

5.4.3　两点透视空间表现特征

两点透视就是指立方物体中没有一个面与画面或视平线平行,且消失在视平线上的消失点有左、右两个,这种透视又称为成角透视。两点透视画面两个消失中心,所有透视线连接两个点,所有竖向高线保持垂直,所以相对于一点透视空间表现特征,画面增加了一种生动、自然、富有变化的感觉。

在经过了多年的发展以后,两点透视空间表现成为透视学在建筑速写中的主要空间表现形式,而且运用广泛,对透视学产生了很大的积极影响。就现阶段的情况而言,两点透视空间表现还在广泛地被使用,且不断地被深化。

5.4.4　两点透视空间表现范例

两点透视空间表现范例如图 5-32 ~ 图 5-36 所示。

✤ 图 5-31 两点透视空间草图快速表达（秦瑞虎）

✤ 图 5-32 两点透视空间表现范例一（秦瑞虎）

图 5-33 两点透视空间表现范例二（沈先明）

图 5-34 两点透视空间表现范例三（沈先明）

图 5-35 两点透视空间表现范例四（邓蒲兵）

图 5-36 两点透视空间表现范例五（沈先明）

5.5 三 点 透 视

三点透视是建筑制图中的另一种表现形式。两点透视中，VP1 和 VP2 两个消失点的距离越近，透视越强；反之，VP1 和 VP2 两个消失点的距离越远，则透视越弱。当 VP1 和 VP2 两个消失点过近时，就应该考虑加一个天消失点，一个地消失点，即仰视或者俯视，从而形成了三点透视，这种透视原理也叫广角透视（图5-37）。

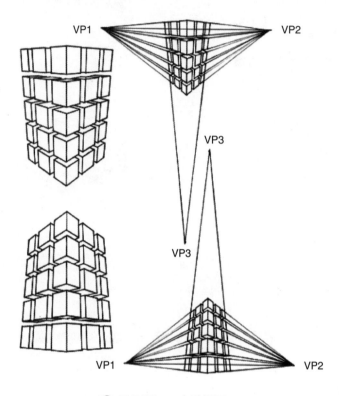

⊕ 图 5-37 三点透视图

三点透视具有三个消失点，主要用于建筑鸟瞰和建筑俯视图的表达。三点透视画面具有一定的趣味性，真实感强，能很好地表达建筑气势及建筑场景，在作图时需要注意三个消失点距离不宜过近，否则容易失真。由于三点透视在室内效果图表现中较少应用，所以这里就不展开细讲。

5.6 透视中常见问题思考

虽然随着科技的发展，各种绘图软件运用越来越广泛，但手绘作为设计中构思、想象、推敲、思考的环节，通过简易的纸和笔来进行，其作用始终无法替代。但也有不少设计人员、初学者，疏于手绘训练，在绘制空间透视效果图时常出现以下几点错误。

（1）空间比例失衡。这是手绘效果图中常出现的错误。由于对比例的错误表达，造成小空间变大，不能摆下小桌子却能放下大床，整个空间比例失调。

（2）画面中出现多个消失点。对透视原理了解得不透彻，凭主观臆想塑造空间，导致画面中出现多个灭点，空间错落，透视变形，整个空间环境陷入失真的状态。

（3）画面生硬、刻板。一些初学者或刚入门的新手设计师为了更好地把握室内手绘效果图的透视关系,追求线条的准确性,全程用尺子,虽然线条是相对直了,但最终导致画面生硬、刻板,空间失调。另外,有些设计师过度依赖计算机软件,在画效果图时先利用计算机软件建模,直接打印出效果图,虽然能保证透视准确,但偏离了手绘设计表现的初衷,也失去了手绘效果图表达的真实性与艺术性。

透视对室内手绘效果图的表达起着至关重要的作用,透视的准确性决定了空间与家具陈设的协调统一。为了避免透视出错,掌握正确、简便的透视规律和方法至关重要,并常加练习,熟能生巧,量的积累必然会有质的飞跃,确保下笔即可取得准确表现透视的效果,对空间结构和物体造型的理解也会进一步提高。

习　　题

1. 完成图幅大小为 A3 纸的卧室一点透视线稿图一张,要求构图完整、透视准确,画面前后虚实处理得当。
2. 完成图幅大小为 A3 纸的客厅两点透视线稿图一张,要求构图完整、透视准确,画面前后虚实处理得当。

第6章
室内效果图综合表现

色彩关系的表达是手绘效果图表现过程中一个非常重要的环节,运用不同的色彩关系,可以塑造空间内部的整体氛围以及不同家具、陈设等内部元素的不同质感。只有具备了合理的色彩关系,才能塑造出更加真实美观的室内空间效果,因此,我们必须深入了解色彩的相关理论知识。

6.1 关 于 色 彩

色彩对于人而言是一种视觉现象的感觉,产生这种感觉基于三个因素: 一是光,二是物体对光的吸收和反射,三是人的眼睛。不同波长的可见光反射出来,刺激人的眼睛,图像信号经过视神经传递到大脑,形成对物体的色彩信息,即人的色彩感觉。

1. 色彩的相关概念

色彩理论主要是指色彩基本原理、色彩发展简史以及色彩搭配。色彩原理主要包括色相、明度、纯度以及三原色、间色、复色等。色彩搭配主要是指色彩对比、色彩协调以及色彩之间的关系处理等。

(1) 色相:色相即色彩的相貌,是色彩的首要特征,是人眼区分色彩的最佳方式。我们通常说的各种颜色,如红、橙、黄、绿、青、蓝、紫等就是色相(图6-1)。从光学物理上讲,各种色相是由射入人眼的光线的光谱成分决定的;色相是区别各种不同色彩的最佳标准,它和色彩的强弱及明暗没有关系,只是纯粹表示色彩相貌的差异。

(2) 纯度:色彩的纯度是指色彩的鲜艳程度,也称饱和度或彩度,它是影响色彩最终效果的重要属性之一,用于表示颜色中所含有色成分的比例。含有色彩成分的比例越大,则色彩的纯度越高;含有色成分的比例越小,则色彩的纯度也越低。可见光谱的各种单色光是最纯的颜色,为极限纯度。当一种颜色掺入黑、白或其他色彩时,纯度就产生变化,视觉效果也将变弱。

(3) 明度:明度是指色彩的明暗程度,明度不仅取决于光源的强度,而且还取决于物体表面的反射系数。色彩的明度差别包括两个方面:一是指同一色相的深浅变化,如浅绿、中绿、墨绿;二是指不同色相存在的明度差别,这一点和饱和度一样,不同的色相明度是不一样的。在所有可视色彩中,黄色的明度最高,紫色、蓝紫色的明度最低。

(4) 三原色:色彩的三原色是指红、黄、蓝。如果把这三种颜色以等量的比例混合,则一切的色彩都会被吸收,而变成黑色,其余两两相加就会生成第三种颜色(图6-2)。

(5) 间色:即两个原色相混合得出的色彩,如黄调蓝得绿,蓝调红得紫。

（6）复色：两个间色（如橙与绿、绿与紫）或一个原色与相对应的间色（如红与绿、黄与紫）相混合得出的
色彩就是复色。复色包含了三原色的成分，是色彩纯度较低的含灰色彩。（图 6-3）

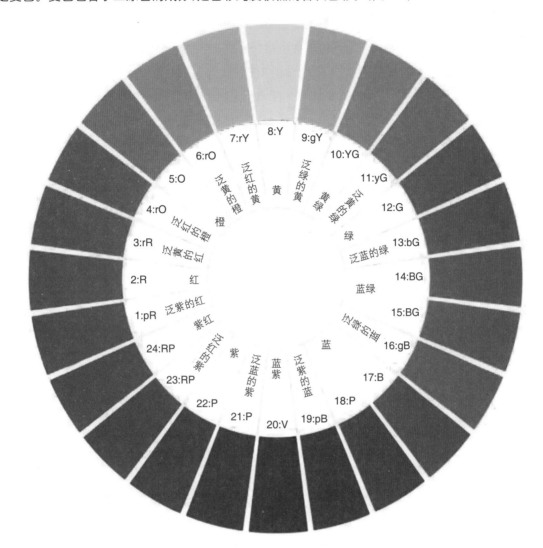

⬆ 图 6-1　24 色色相环

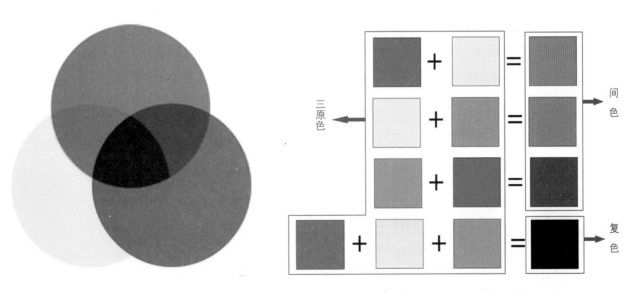

⬆ 图 6-2　色彩三原色

⬆ 图 6-3　三原色、间色、复色

2. 色彩的基本因素

光源色：指由各种光源（包括人造光源、自然光源）发出的光，光波的长短、强弱、比例性质不同，从而形成不同的色光。

固有色：即在自然光线下的物体所呈现的本身色彩。但在一定的光照和周围环境的影响下，固有色会产生变化，对此初学色彩者要特别注意，固有色一般在物体的灰部呈现。

环境色：指物体周围环境的颜色由于光的反射作用而引起物体色彩的变化。物体暗部的反光部分变化比较明显。

3. 色彩对比关系

色相对比：指色相之间的差别形成的对比。在室内设计中，当主色相确定后，必须考虑其他色彩与主色相之间的关系，以及其要表现的内容与达到的效果等，这样才能增强室内空间的表现力。

纯度对比：指不同色彩之间所形成的鲜艳程度之间的对比，如一种颜色与另一种更鲜艳的颜色相比时，会感觉不太鲜明，但与不鲜明的颜色相比时，则显得鲜明。

明度对比：指色彩因明暗程度的差别所形成的对比。白色明度高，黑色明度低，红色、灰色、绿色、蓝色属中明度。

冷暖对比：指由于不同的色彩给人的心理有不同的冷暖感受，由此而形成的对比。如红、橙、黄使人感觉温暖，绿、蓝、紫让人感觉寒冷，黑色、白色、灰色介于冷暖之间。另外，色彩的冷暖对比还受明度与纯度的影响，白色反射强而令人感觉冷，黑色吸收率高而令人感觉暖。

补色对比：指将红与绿、黄与紫、蓝与橙等具有补色关系的色彩彼此并置，使色彩感觉更为鲜明，纯度增加，从而产生对比效果。

4. 色彩在室内空间中的运用

色彩理论在室内空间设计的实际应用中非常重要，一个成功的室内空间设计，色彩往往是营造室内空间氛围的最重要方式。利用色彩理论，将千变万化的色彩经过精心组织、设计，能够使室内空间展现出不同的艺术魅力；通过色彩的巧妙搭配，可以营造不同的气氛，或文雅，或拙朴，或热烈，或宁静；色彩的运用不仅可以配合不同地域、节日、气候等因素的需要，还能够满足不同人群各不相同的兴趣、爱好、倾向和生活习惯。

色彩对光线具有一定的反射效果，合理运用色彩能够对室内光线产生明显的调节作用，甚至能够改善人的身心健康。近年来，心理学家对色彩与人的心理感受进行了深入细致的研究，种种试验表明：合理的色彩搭配、舒适的室内色彩，有利于人的身心健康，而单调乏味或者过分压抑的室内色彩则对健康十分不利。

6.2 马克笔手绘表现技法

技法就是技术和方法。绘画的技法往往是在为达到某种艺术效果而实践得来的方法，对于不同技法运用的选择也决定着绘画风格和绘画语言。要想熟练掌握马克笔技法，首先我们要对马克笔的基本特性及相关的绘图工具有基本的了解，这样才能达到事半功倍的效果。

6.2.1 绘图工具介绍

1．马克笔

马克笔是设计类专业手绘表现中最常用的画具之一,主要分为两种,即油性马克笔(酒精)和水性马克笔。油性马克笔具有稳定、不伤纸、手感好等各种优点,更适合初学者练习,而水性马克笔在色彩的叠加与融合上相对较难,要求绘图者具备更熟练的把控能力。

初学者在练习阶段一般会选择价格相对便宜的酒精性马克笔,可以单支购买,也可以成套购买。对于颜色而言,室内设计大多选择中性的色彩(如暖灰、冷灰)对室内效果进行表现,辅助性地选择一些艳丽的色彩以满足设计时的特殊要求或点缀画面;纯度很高的色彩建议少买,可以用彩色铅笔代替。

(1)马克笔的优缺点。

优点:马克笔的色彩丰富,透明度高,着色简便,笔触清晰,成图迅速,且颜色在干湿状态变化时会随之变化,表现力极强。

缺点:①以酒精为颜料溶剂的马克笔易挥发,一支笔用不了多久就会干涩,不宜久放,需要注入适量溶剂才可继续使用;②马克笔色彩相对比较稳定,但时间久了容易褪色、变灰,作品最好及时扫描存盘;③马克笔不可调色,所以选购笔时颜色多多益善,特别是灰色系和复合色系。

(2)马克笔特性。油性马克笔在快速运笔时可以形成虚实的变化,在纸上稍作停留也可以出现类似水彩的效果,待干后,色彩相对稳定。水性马克笔不适合多次来回涂抹,容易伤纸,干后颜色容易变淡,但与油性马克笔相比,水性马克笔更加柔和,适合表现水面和植物,所以在绘画时可以将两种笔结合使用,效果更佳。在进行手绘作品创作前,我们往往会将不同色系的马克笔进行分类,这样有利于在作画时寻找合适的颜色。

2．纸张

(1)打印纸。打印纸是设计类手绘表现最常用的纸张种类,一般分为80g、105g、128g、157g不等。打印纸具有一定的吸水性,色差较小,既可以使用快画法,也可以使用慢画法。

(2)铜版纸。铜版纸的克数一般较大、纸张坚硬,纸面纹路较打印纸更为细腻,吸水性较弱,使用马克笔上色时比打印纸稍浅,笔痕会更明显,笔触边缘明显且不易洇。打印纸和铜版纸都更容易营造强劲力度的视觉感受。

(3)水彩纸。水彩纸表面较粗糙,吸水性极强且易洇,笔触四周易软化为弧形,给人的视觉感受更温和柔软。

(4)硫酸纸。硫酸纸表面十分光滑,吸水性弱,使用马克笔表现时颜色非常清澈透明,不同颜色叠加时易混色,有类似水彩的感觉。

(5)临摹纸。它比硫酸纸更轻薄且吸水性强,其他效果类似。

3．其他工具

除以上常用工具外,室内空间表现中上色的工具种类很多,包括涂改液、卷笔帘等,初学者不是很常用。但想要使画面效果好,最好多准备些绘画工具。

6.2.2 马克笔运笔练习

一幅优秀的马克笔室内效果图往往具备准确的透视、严谨的结构、和谐的色彩、自然舒适的笔法,缺一不可。马克笔具备各种粗细不等的笔头,加上运笔时受力的轻重变化,可绘出不同效果的线条。马克笔笔触的连接与组合是学习马克笔表现技法绘画中面临的首要问题。

马克笔常因色彩艳丽、线条生硬而使初学者无从下笔,或下笔后笔触扭动、混乱、不到位,导致形体结构松散、色彩脏腻。笔法的熟练运用、线条的合理安排,将对初学者用马克笔表现画面起到事半功倍的效果。

马克笔的笔尖一般分为粗细、方圆几种类型,绘制表现图时,可以通过灵活转换角度和倾斜度,画出粗细不同的线条和笔触来。具体方法介绍如下。

1.笔触排列法

马克笔的笔触一般分为:线笔、排笔、叠笔、点笔、乱笔等。线笔可以分为曲线、直线、粗线、细线、长线、短线等;排笔是指笔触的大面积排列;叠笔是指笔触的重复叠加,其作用是可以增加表现物体的层次感;点笔可以起到活跃画面气氛的作用;乱笔则是绘画者对于作品的自我发挥,一般根据绘画时心情而定,如果使用恰当会使得画面艺术感增强并充满韵味,使用不当则会使画面显得凌乱。

(1)笔触横向排列:常用于表现地面、顶面等水平面的进深感,也是表现物体竖形立面的常用方法,如图 6-4(a)所示。

(2)笔触竖向排列:常用于表现木材地板、石材地面及玻璃台面等水平面的反光、倒影,也可用于表现物体横形立面及墙面的纵深感,如图 6-4(b)所示。

(3)笔触斜向排列:常用于出现透视结构发生变化时的平面,如地板、扣板吊顶等,笔触的排列应与物体的透视方向保持一致;也可表现墙面等竖立面的光感,或结合其他方向的笔触一同使用,使画面显得更加生动,如图 6-4(c)。

(4)笔触弧形排列:常用于表现圆弧形物体的形体及其体量感,或用于丰富画面笔法。线条的组合应具有一定的秩序感,也可存在一定的程式化,如图 6-4(d)所示。

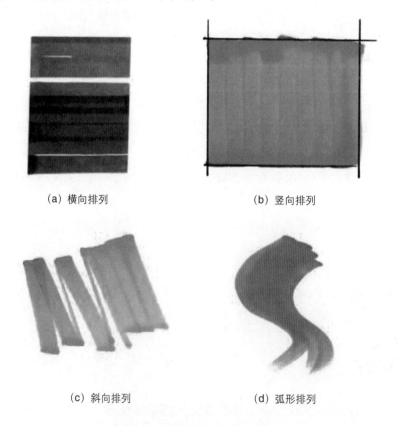

(a)横向排列	(b)竖向排列
(c)斜向排列	(d)弧形排列

➊ 图 6-4 马克笔笔触排列练习

马克笔笔触的分类中,直线是最难把握的,注意起笔和收笔力度既要轻又要均匀,下笔要果断,才不至于出现蛇形线。线条要平稳,马克笔的笔头要完全接触到纸上面。运用垂直交叉的组合笔触,就是要表现一些笔触变化,丰富画面的层次和效果,所以一定要等第一遍干后再画第二遍,否则颜色会溶在一起,没有了笔触的轮廓。

2. 色彩重叠法

马克笔通过线条的运用、色彩的叠加等方法可以表达空间和虚实关系。由于马克笔颜色透明度高,将不同颜色进行叠加时,可以产生更丰富的变化。如红与蓝重叠会呈现紫色,黄与蓝重叠会呈现绿色等。

例如,当我们对物体阴影进行刻画时,除了对冷暖及灰的运用外,也可以将浅蓝色和紫色进行叠加,这样搭配表现的阴影既有色相又不呆板,非常生动。当纯色饱和度过高时,可以用灰色进行混合来降低颜色的饱和度;而且在深色的马克笔痕迹上用浅色马克笔进行停顿处理,其中的有机溶液可以"洗掉"部分深色痕迹,但若把握不当,画面会显得"闷"、脏。对于初学者而言,还是应遵循马克笔的用法,最好不将浅颜色与深颜色相混合,以免将浅颜色遮盖,破坏画面的透气性。

3. 快画法

对速度的掌控是掌握马克笔使用方法的最基本环节,这也是最能突出马克笔特点的表现技法。下笔时要眼手一致,首先在心理上就要充满自信,这样才能做到会心一击、意在笔先。如果偶尔有把握不准的情况也没关系,只要对画面有所规划和经营,可以将错就错,也许还会有意想不到的效果。排笔时要保证马克笔的笔头与纸完全接触且力道一致,不然画出来的线会弯曲、赢弱,显得没有"精神"。在进行整幅创作前可以先进行局部练习,以增加熟练度。

4. 慢画法

慢画法要求马克笔具有充足的水分,这种画法的效果一反大众对马克笔表现的固有认知,有些类似水彩画。画法技巧就是增加马克笔在纸上的停留时间,让纸张充分吸收笔的颜色,时间越长,颜色晕染开的范围越大。

对于正常作画时使用的打印纸来说,一般克数较小的更容易表现出这个技巧的特点,在硫酸纸上则可以轻易地实现此效果。在慢画法过程中快速地换笔可以让不同的颜色形成流畅渐变的衔接,同时会模糊笔触,使原本刚劲分明的线条变得柔和。

慢画法技巧更适合表现安静的环境或者装饰性较强的物体,因为使用慢画法可以做到大面积无笔触的平涂效果,柔和的渐变也给予画者更多的时间去刻画物体。慢画法对绘画者的艺术审美要求较高,需要不断斟酌平涂区域的面积和形状,以表现更多细节。

5. 压黑法

设计类手绘效果图表现不同于传统画法中对黑色使用的顾忌。压黑法在马克笔表现中应用非常频繁,常常具有画龙点睛的作用。在处理画面颜色、笔触过多而显得零碎的画面,或画面视觉冲力不够的时候,用压黑法效果非常明显,且操作快速、方便并容易出彩。

除了以上介绍的几种常用的方法外,在马克笔的具体使用中也会因个人习惯、室内空间的特点和一些其他因素而表现出许多不同的笔触风格,如常见的一字形、N 字形、F 字形及循环重叠等笔触风格,这些笔触风格都是通过色彩过渡进行室内空间设计的表达,有简单的同系颜色叠加,也有不同色系的调和。无论怎样,色彩的叠加一定要由浅至深,一步步过渡,否则画面容易变得"闷",破坏整体效果。

6.2.3　马克笔配色练习

一套完整的马克笔按其色系进行分类,大致可分为灰色系列、蓝色系列、绿色系列、黄色系列、棕色系列、红色系列、紫色系列等。将色彩进行分类后,有利于在作画时更好地寻找到需要的颜色。

马克笔调色是非常困难的,虽然其颜色种类较多,但也难以表达色彩丰富的画面。要想达到更好的效果,使用时可将马克笔的颜色进行叠加和混合,以获得更多的色彩效果。除此之外,需要准备不同色号的笔,并要体会颜色间细微的差别。

1．单色重叠

同色马克笔重复涂绘的次数越多,颜色就越深。但过多的重叠易损伤纸张,而且色彩也会变得灰暗和浑浊。

2．多色重叠

多种颜色相互重叠时,可产生另一种不同的色彩,增加了画面的层次感和色彩变化。但颜色种类也不宜重叠过多,否则会导致色彩沉闷呆滞。

3．同色系渐变

根据色系不同,一套马克笔由多个色系组成。同一色系中的色彩通过编号区分深浅程度,从而形成同色系渐变。有时为了使描绘的主题更真实细致,可对物体的明暗进行渐变渲染。渲染时,在两色的交界处可交替重复涂绘,以达到自然融合。

4．不同色彩渐变

马克笔绘画中经常会呈现出不同色系中色彩渐变的效果。在涂绘渐变技法之前,先选择适当的色彩进行搭配,以避免色彩之间的不协调感。着色时,可选择色彩渐变的慢画法,也可采用两色间笔触相互掺插的快画法,以达到自然过渡。

马克笔因其易干的特点,两种色彩难以调和,达不到标准间色、复色的要求,所以马克笔的三原色与其他色一样,不能发挥特殊的作用。马克笔三原色中的两色相互混合和相叠,因其先后顺序及干湿程度不同,产生的效果也随之改变,同时,其效果还和使用的纸张有直接的关系。只有熟悉各种方法和材料性能,才能更好地进行马克笔画的创作(图6-5)。

6.2.4　几何体上色练习

为了更好地掌握与理解家具的透视与形体,在学习家具马克笔上色前,应先练习几何体上色可以将家具复杂的形体简单化,将其理解成几何体后再进行上色练习。

体块上色时面与面之间的明暗对比、光影关系需要明确表达,通过色彩、笔触等方式来区分,受光面基本可以留白,也可以很清淡地扫一层颜色;处理暗面的时候,通过笔触来回叠加或笔在画面中停留时间的长短等方式来产生变化,最后的结构线部分可以加以强调,使物体轮廓清晰明朗(图6-6)。

光影是画面效果的重要表现元素。通过对体块的训练,掌握画面的黑、白、灰关系,有利于加深画者对画面体块与光影关系的理解,后期进行空间塑造也有很大帮助。在进行体块光影关系训练的时候要掌握黑、白、灰三个面的层次变化。通过几何形体进行马克笔的光影与体块的训练,可以有效练习黑、白、灰及其色彩渐变关系。

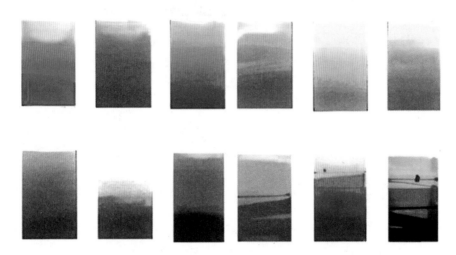

✛ 图 6-5　马克笔配色练习

✛ 图 6-6　马克笔体块与光影练习

6.2.5　马克笔材质表现

在室内设计手绘效果图的绘制中,通过绘制把不同材料的质感淋漓尽致地表达出来,对一幅效果图的成败起到至关重要的作用。不同建筑装饰材料具有不同质感。对材料的不同色彩、纹理、轻重、软硬、温润、粗糙、光滑等性状的把握,是进一步对不同建筑装饰材料直观描述的关键所在。在室内设计中常见的材质主要有以下几种。

1．木材质感的表现

木材具备天然的色泽和纹理特征,绘制时可用勾线、点绘、墨线的方法,通过马克笔的不同笔触反复叠加来表现其丰富的效果。表现木材常用的马克笔色号（木色）有 36、104、107、97、103、102、96、95、98（由浅到深）。

一般木材质的表现方法为：首先用略干的马克笔画出木材整体的原色部分，中间带有灰白效果能较好地表现木材质感；然后根据不同的材质用彩色铅笔或中性笔勾画出细致的木纹效果（图 6-7）。防腐木质感表现所用的色号有 104、107、97、96、95、98（暖木色），还可以用木色彩铅。

✪ 图 6-7　木材质感表现

2．竹藤质感表现

竹材、藤条均为天然材料,利用竹材制作的家具具有天然纹理,会给人一种清新雅致、自然朴素的感觉,还带有淡淡的乡土气息；竹藤家具舒适自然、温馨静谧。材质表现时,需先用墨线笔将竹藤家具的纹理勾勒出来,然后再根据光影关系用木色系列马克笔着色（图 6-8）。

✪ 图 6-8　竹藤家具表现

3．金属材质表现

不锈钢等金属材质在现代室内装饰设计中被大量应用在门窗、栅栏、橱柜等方面。在实际的装饰环境中，我们常见的不锈钢表面材质一般有亮面、拉丝面等，给人的总体感觉是冰冷、光滑的。因此在绘制时一般用冷色调，画出不同形状的镜面反射，就可以表现出其质感了。常用的马克笔色号有 BG1、BG2、BG3、BG4、BG5 等蓝灰色系，然后再用银灰色彩铅加以点缀（图 6-9）。

↑ 图 6-9　冷色拉丝不锈钢材质表现

在具体绘制时要尽量用简练的色彩和有力的笔触，以强烈的对比和明暗反差来表现金属表面的特性。在绘制时可事先留出高光白色的位置，用冷色调过渡周围的颜色。其次，在表现圆柱等弧形表面时多采用湿接法，然后用深色系马克笔重点强调明暗交界线。

4．石材的质感表现

在室内设计中石材应用也十分广泛，这是最古老的建材之一。石材纹理是表现不同石材种类的关键所在。粗糙的石材着重表现其固有色和粗糙的纹理结构；光滑的石材具有明显的高光，并且在灯光的照射下会反射出其造型和倒影。在绘制光滑石材时，可先用中性笔画出一些不规则的纹理和倒影，以便表现石材的光滑效果。

石材质感的表现一般为：用针管笔勾出线稿，再在上面用马克笔薄薄地涂一层底色，色调大多为冷灰色。然后根据不同石材的纹理、粗糙度等，用不同深浅变化的笔触沿垂直方向画出物象的倒影。另外，如果需要，可以利用彩色铅笔刻画石材的纹理、地砖的砖缝，也可根据其透视规律画出深浅变化、近大远小的分割线，如图 6-10 和图 6-11 所示。

⊕ 图6-10 大理石材质表现

⊕ 图6-11 大理石地面表现

5. 玻璃的质感表现

玻璃材质具有透明的特征,主要运用在门窗上。透明的玻璃受光线照射变化会呈现出不同的特征。当室内光线不足时,玻璃具有高反光的特性,可反射光线;而当室内光线充足时,玻璃反映出其透明特性,并且还对周围环境有一定的影响。

玻璃质感的常见表现方法有:透明玻璃一般应把映射出的建筑、景物绘制出来,然后按照玻璃固有色平涂出一层冷灰色系;反光玻璃一般选用较浅的蓝灰色系马克笔进行着色,再象征性地画几笔高光即可。总体上透射物体要尽量概括,宜用蓝灰色进行绘制(图6-12 ～图6-14)。

⊕ 图 6-12　透明玻璃

⊕ 图 6-13　深色镜面玻璃

⊕ 图 6-14　深色钢化磨砂玻璃

6．软装质感表现

在室内设计效果图的绘制中,织物等材质主要表现在布艺沙发、床具地毯、窗帘等家居软装上。织物材质给人在触觉上有一种天然的接近感,氛围亲切、自然。织物有丰富的色彩,在室内设计中起着活跃空间变化、分割色彩的作用。在具体质感表现上,可多用活泼、轻松的线条和笔触来表现其丰富的质感变化,处理好可能就是整个效果图的点睛之笔（图 6-15 和图 6-16）。

7．植物的表现

花草树木在建筑室内设计效果图中也是一个很重要的方面。作为配景,可起到活跃画面气氛、平衡画面的作用。在具体表现上,应根据不同花卉的特点,先勾画出花草的动势和形态,在表达上尽量不要喧宾夺主,和周围主体衔接要自然生动,注意植物的前后遮挡关系。在着色过程中根据植物的特点上色即可,注意植物前后穿插关系(图6-17)。

✝ 图6-15 红褐色皮具沙发

✝ 图6-16 蓝色亚麻坐垫

✝ 图6-17 室内盆栽表现

6.2.6 家具上色练习

家具是室内空间最重要的陈设品,在室内手绘效果图表现中,家具的表达是重中之重,包括家具的透视、造型、材质等细节刻画(图 6-18)。

⬆ 图 6-18 家具单色表达

室内家具中最为常见的材料有木材和布艺,在绘制时可通过色彩、肌理、表面光亮程度来刻画家具材质,同时,材料的表现还要考虑光影效果和不同面的明暗关系。图 6-19 所示为木质茶几表现,其步骤如下。

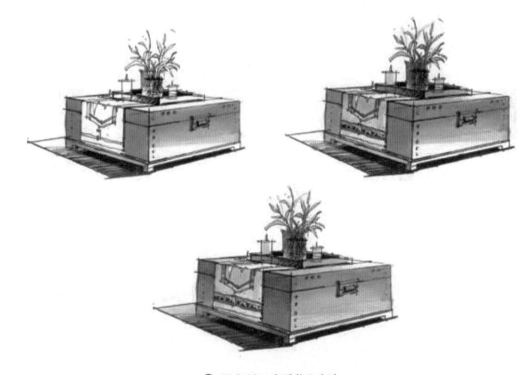

⬆ 图 6-19 木质茶几表达

（1）使用较浅的木色系马克笔铺出固有色。

（2）绘制出茶几上的衬布与绿植，并强调光影关系，使用暖灰色马克笔加重茶几的暗部，注意区分三个转折面的黑、白、灰关系。

（3）深入刻画细节，加重投影，完成衬布与绿植的着色，点缀画面。

在对常用材料的材质表达进行练习后，着重训练木材、布艺的表现效果。在材质表达中，可以浓墨重彩、面面俱到，也可以轻描淡写、言简意赅。"面面俱到"是将家具所有的部位都进行详细的材质表现，这要求具有非常强的工具运用能力、明暗和材质把控能力，"言简意赅"则是对家具进行简约的明暗、色彩和材质示意。如图6-20所示，布艺沙发上的适当留白，既可以快速绘制，又带来画面的轻松感。对于学生而言，"言简意赅"的表达方式无疑是快速掌握材质表现方法的有效途径。

✛ 图6-20　布艺沙发的马克笔表现

在家具组合上色时，由于马克笔色彩纯度高，无法完成大面积渐变色和对中间调的表达，绘画时常运用线条的疏密和粗细的变化来表达虚实关系，用一支颜色的马克笔通过笔触的变化就可以完成受光面和暗部的刻画。受光部分少色、半涂，暗部多色、全涂（图6-21和图6-22）。半涂时就要用到笔触的变化。笔触的变化是通过对马克笔尖不同角度的变化和倾斜角度的控制来实现的。

✣ 图 6-21　客厅家具组合上色练习一

✣ 图 6-22　客厅家具组合上色练习二

6.2.7　马克笔室内空间上色练习

在理解并掌握马克笔运笔、配色、材质表现及家具上色相关知识后,完成一张室内空间效果图已非难事。

1. 马克笔室内上色步骤详解一

在表现室内空间效果图时,首先需要对所绘空间进行分析,确定构图、空间的光影关系、虚实关系、空间关系,并考虑色调、冷暖的运用以及基本材质的表达方式。进行合理分析后,再着手去画,其具体步骤如下。

（1）完成室内空间线稿。要求空间透视准确,室内陈设形体准确,轮廓清晰,近大远小、前后虚实等处理符合透视原理（图6-23）。

（2）电视背景墙着色。先用深灰色马克笔描绘深色大理石,注意光影变化,再用米黄色系马克笔描绘大面积浅色背景墙,并用马克笔细笔头刻画大理石纹理（图6-24）。

⊕ 图6-23　客厅马克笔上色步骤一

⊕ 图6-24　客厅马克笔上色步骤二

（3）沙发、茶几、地毯着色。找到沙发的固有色黄色，根据光影变化描绘沙发的暗部及亮部，并适当留白；用蓝色、灰色给茶几着色；地毯上色时注意茶几的投影及光影刻画（图6-25）。

✤ 图6-25　客厅马克笔上色步骤三

（4）墙面着色。用浅黄色表达顶棚，用浅色暖灰表达墙面，用浅粉色表达远处的墙体，并注意整理及收拾笔触，笔触不可凌乱（图6-26）。

✤ 图6-26　客厅马克笔上色步骤四

（5）地面着色。用暖灰色统一画面，使空间色调统一、协调；将灯具涂上柠檬黄色以表达灯光；再对挂画、植物着色以便完成点缀。完成绘制稿，如图 6-27 所示。

✤ 图 6-27 客厅马克笔上色步骤五（尚龙勇）

2．马克笔室内上色步骤详解二

（1）在掌握了室内空间的透视原理和点、线、面、体的组合运用的基础上，上色对于效果图更是关键的一步。如图 6-28 所示，先完成线稿，从暗部着手，用深色表达暗部。

✤ 图 6-28 大堂马克笔上色步骤一

（2）在绘制马克笔画的过程中，经常会碰到涂绘大面积色彩的情况。为了能绘出一块均匀或渐变的颜色，须快速地落笔，一笔未干，下一笔续上，且手臂移动的速度保持不变。若运笔速度放慢，将使停留部位的纸面吸收更多的颜料，导致纸面上的色彩不均匀，出现斑点。如图 6-29 所示，用黄色系马克笔快速对餐厅座椅及顶棚灯具着色。

✛ 图 6-29　大堂马克笔上色步骤二

（3）在画图的过程中要时刻把握效果图画面的整体效果，不要只注重局部刻画，而忽略了整体的关系；要处理好空间各个家具陈设之间的色彩关系，以及家具陈设与环境之间的主次关系，并用浅灰色系完成地面及顶棚上色（图 6-30）。

✛ 图 6-30　大堂马克笔上色步骤三

（4）深入刻画，完成家具及其他陈设品上色；注意整个室内空间色调要协调统一，画面虚实关系要明确，要有光影变化，物体面与面之间要有明暗对比等；进一步收拾整理画面，直至完稿，如图 6-31 所示。

⊕ 图 6-31　大堂马克笔上色步骤五（孙大野）

3．马克笔室内上色步骤详解三

（1）完成餐厅空间线稿图。要求家具形体准确，空间符合近大远小、近实远虚的透视原理（图 6-32）。

⊕ 图 6-32　餐厅马克笔上色步骤一

（2）顶棚着色。用蓝灰色系马克笔，其笔触按顶棚的建筑结构走笔，墙体转折处可多次重复，以表达面与面的转折关系，灯具暗部统一铺上蓝灰色系，并用少量的红色点缀（图 6-33）。

✿ 图 6-33　餐厅马克笔上色步骤二

（3）墙面及地面着色。结合灯光的色彩，墙面及地面铺上亮黄色，并注意细微的变化（图 6-34）。

（4）室内陈设品上色。用蓝灰色系、浅黄色系完成座椅及坐垫上色，蓝灰色系与顶棚形成色彩上的呼应；餐桌选择中黄色，符合室内的光影关系，再用同种色系完成背景墙的马赛克着色，用绿色系完成室内盆栽着色（图 6-35）。

（5）收拾并统一画面，完稿。餐桌上的陈设品用红色点缀，使其与顶棚及墙面上的红色系形成呼应，增强画面的层次感。最后的画面效果要层次分明、冷暖对比强烈，整体协调统一（图 6-36）。

注意：马克笔上色应先"浅"后"深"，由深色叠加浅色，否则浅色会稀释深色使画面变脏。同一支马克笔每叠加一遍色彩会加重一级。应尽量避免不同色系的笔大面积叠加，如黄和蓝、红和蓝、暖灰和冷灰等，否则色彩会变浊，且显得画面很脏。

⬆ 图 6-34　餐厅马克笔上色步骤三

⬆ 图 6-35　餐厅马克笔上色步骤四

✦ 图 6-36　餐厅马克笔上色步骤五（陈红卫）

4．马克笔室内效果图范例

马克笔室内效果图范例如图 6-37 ～图 6-45 所示。

✦ 图 6-37　卧室空间马克笔表现（孙大野）

✛ 图 6-38　别墅客厅马克笔表现（孙大野）

✛ 图 6-39　客厅空间马克笔表现（孙大野）

⊕ 图 6-40　书房空间马克笔表现（孙大野）

⊕ 图 6-41　两点透视客厅空间马克笔表现（孙大野）

⚑ 图 6-42　酒店餐饮空间马克笔表现（孙大野）

⚑ 图 6-43　办公空间马克笔表现（孙大野）

🔼 图 6-44 展示空间马克笔表现（孙大野）

🔼 图 6-45 书吧空间马克笔表现（孙大野）

　　在使用马克笔绘制各空间效果图时,马克笔笔触需根据透视方向进行运笔。一点透视的天花板与地面的运笔方向要与视线持平,墙面的绘制可按照消失点的方向进行运笔,也可垂直运笔;两点透视可顺着室内消失点运笔,墙面的绘制与一点透视方向一致。这就要求设计者的绘画基本功水平较高,了解运笔与结构相结合能突出画面的表现力,使手绘变得丰富多样,进而彰显艺术魅力与室内设计的活力。

6.2.8 马克笔室内上色注意要点

1．线稿透视准确、空间比例协调

为确保线稿透视准确,在不能徒手表现的情况下,可先用铅笔将空间构图及透视关系定好,再从大的空间内寻求物体与物体之间的大小比例关系,一些基础的材质可以在画线稿时适当表达。

2．利用光影关系、明暗关系营造空间氛围

在精细的线稿下,先对空间进行整体着色,再深入局部处理,表达物体材质;注意整个空间的光影关系,利用光影关系、明暗关系营造空间氛围;在表达灯光时,观察明暗变化、深浅过渡,越接近光源的地方越明亮,越往下越暗,另外灯光的表现要柔和,不要太硬朗。

3．室内色调统一

确定室内色彩关系后,深入细节刻画。为丰富画面,可增加色彩的冷暖对比,在暖色调的空间里可以适当加入冷色,但"对比"是"统一"前提下的对比,所以需谨慎使用大红大紫等色彩进行空间冷暖的互补。

4．重色

注意重色的使用,不可在暗的地方直接压黑色,需要对材质进行区分后,用同样材质的重颜色去适当对物体暗部进行光影的变化处理。最后可以适当去压一笔重色,压重色的时候需要注意前后空间的关系。

6.3 彩色铅笔表现技法

彩色铅笔作为一种新型的绘画工具,近年深受大众喜爱,在日常手绘中使用广泛,具有使用便捷、操作简单、效果佳的特性,便于在绘画的基础阶段使用,既丰富了画面色彩,又解决了基础绘画教学中素描形式单一的问题。

不同于水彩与油画的工具较多、创作步骤复杂,其表现力较强,简单操作就会有立竿见影的绘画效果。创作内容更加广泛,表现手法也更丰富,既可将传统与现代结合,又可将写实与写意结合,为艺术创作提供了更多的便捷与可能性。

6.3.1 绘图工具介绍

彩色铅笔即彩铅。彩色铅笔源于希腊黄金时代所使用的蜡笔,其具有鲜明的着色效果、易保存和便捷的特性,几个世纪以来深受艺术家的喜爱。然而,真正意义上的彩色铅笔诞生于 20 世纪初。1908 年,德国的辉柏嘉开始生产艺术家级别的彩色铅笔,最初有 60 种颜色;瑞士的卡兰帝在 1924 年开始生产彩色铅笔。近些年,彩色铅笔的品牌也越来越多,色彩越来越丰富,应用也越来越广泛。

1．彩色铅笔分类

彩色铅笔分为两种,一种是水溶性彩色铅笔（可溶于水）,另一种是蜡质彩色铅笔（不溶于水）。蜡质彩色铅

笔可分为干性和油性,一般市面上买的大部分都是蜡质彩色铅笔。其价格相对便宜,是绘画入门的最佳选择。画出的效果较淡,简单清晰,大多可用橡皮擦去,有着半透明的特征,可通过颜色的叠加呈现不同的画面效果,是一种较具表现力的绘画工具。

水溶性彩色铅笔又叫水彩色铅笔,它的笔芯能够溶解于水,碰上水后,色彩晕染开来,可以呈现水彩般透明的效果。水溶性彩色铅笔有两种功能:在没有蘸水前和不溶性彩色铅笔的效果是一样的,在蘸水之后就会变成像水彩一样,颜色非常鲜艳亮丽,色彩柔和,能表现丰富多彩的画面效果。

在实际运用时,彩色铅笔表现对于绘画基础的要求较低,有一定的素描基础和色彩认知即可。使用起来较为简单,仅是初学者对执笔的熟练使用和对色彩间的衔接处理的技法训练。从某种意义上来说,手绘也不仅仅为了记录,更是一种画者直观的内心体验的表达,这种操作简单的工具也更能被大众所接受。

2. 彩色铅笔的特点及优势

随着设计工具的不断更新,彩色铅笔作为一种较容易掌握的设计表现工具,近年来被广泛应用于各个设计领域。彩色铅笔因其具有携带方便、色彩丰富、使用简单且方法多样的特点,得到了广大设计工作者的青睐。其特点具体如下。

(1)易配色。彩色铅笔色彩丰富、柔和,调色、配色较易掌控,不易因为选色搭配或调色不当而产生高纯度的刺眼的色块,可以在一定程度上弥补使用者美术功底的不足。

(2)易掌握。彩色铅笔笔芯软硬适中、着色均匀,初学者可以通过力道的把控,淡化彩铅笔触,相对于需要画出挺直线条的马克笔来说,可以大大节约练习的时间。待熟练后,可以挑选出一套适合自己风格的色号,在进行设计表现,特别是快速设计表现时,可节约上色时间。

(3)可修改。相对于其他着色工具来说,彩色铅笔的最大优势在于其具有可修改性,不满意时用橡皮擦去即可,可以避免水彩或马克笔着色过程中出现错误难以消除的情况。

(4)表现形式多样。彩色铅笔品种的多样化,使其表现效果不再局限于传统的铅笔画效果。如使用水溶性彩色铅笔就可以在铅笔彩图的基础上完成水彩渲染效果的图纸。所以,对于彩色铅笔的熟练运用,不仅可以满足手绘设计中图面表现的需求,还可以在一定程度上提升艺术审美。

优势:彩色铅笔可以表现出较为轻盈、通透的质感,这是其他工具、材料所达不到的。

6.3.2 彩色铅笔的绘图技法及步骤

彩色铅笔在手绘表现方面起了很重要的作用,无论是对概念方案、草图绘制还是对成品效果图,它都不失为一种效果突出的绘图工具。绘图时先准备18 ~ 48色的任意类型和品牌的彩色铅笔,可以是水溶性彩色铅笔,也可以是蜡质彩色铅笔。

1. 彩色铅笔的基础技法

涂色和叠色是彩色铅笔表现的基本应用技法,涂色分为渐变色与平涂色,渐变色又分同类色叠加、对比色叠加、复色叠加等。

(1)涂色。涂色在画面构成中需要解决素描关系的问题。力度不同,平涂色彩的明度关系也不同。渐变的色彩构成了画面中结构与空间的组合,形成了画面中的黑、白、灰,突出了画面的立体感和空间感。因此,涂色要求画者具备素描绘画的基本能力。

方法：运用彩色铅笔均匀排列出铅笔线条,达到色彩一致的效果。

（2）叠色。叠色在画面中主要解决色彩关系的处理问题,同色的叠加能够丰富色调,加强色彩视觉效果。对比色的叠加是自然色或环境色对画面的影响,使画面更为生动,富有趣味感；复色叠加可使画面空间更加立体化,强化了个体与整体的关系,有利于画面整体的完整度。

方法：运用彩色铅笔排列出不同色彩的铅笔线条,色彩可重叠使用,变化较丰富。

（3）水溶退晕法。这种方法是主要针对水溶性彩色铅笔溶于水的特点,将彩色铅笔线条与水融合,达到退晕的效果。

（4）彩色铅笔素描。利用彩色铅笔表达画面的色彩关系与光影关系,也是一种有色彩的铅笔素描,是基于普通单颜色的写实素描基础之上的一种绘画。彩色铅笔素描强调作画者对色彩的认识,在作画时既要解决色彩问题,同时又要注意素描问题,这与素描有着极其相似的地方。在手绘表现中,也有不少彩色铅笔爱好者使用素描的技法表达室内效果图。

2．彩色铅笔作画步骤

（1）构图。先用铅笔画出对象的轮廓。

（2）上色,处理暗部。先分析空间的光影关系,可以预先将高光部分留白,用灰色系彩色铅笔从暗部着手。

（3）上色,表达材质。对画面中木质的桌子及柜子重点刻画,用木色系彩色铅笔表达材质。

（4）着手处理画面中的摆件（盆栽、水果盆、相框等物件）。先在暗部涂上固有色,注意素描关系；亮部可留白处理。

（5）深化收拾整理画面。用柠檬黄彩色铅笔表达灯光,并对物体表面的亮面、地面轻轻涂柠檬黄,表达室内光影及环境色。

（6）最后选择性使用高光笔点缀高光。用橡皮擦去多余的色彩或用小刀进行处理。最终效果如图 6-46 所示。

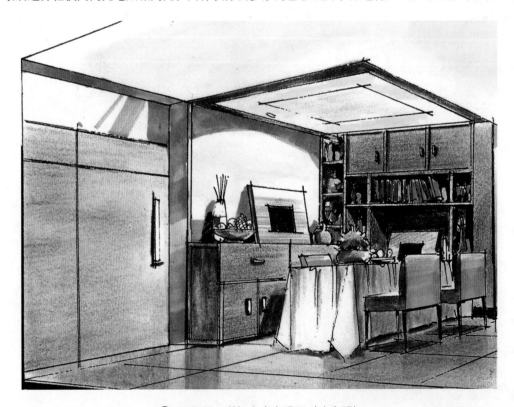

✚ 图 6-46　彩铅室内表现图（沈先明）

注意：彩铅室内效果图的基本画法为平涂和排线。结合铅笔素描的线条来进行塑造,表达空间的素描及色彩关系（图6-47）。

⊕ 图 6-47　彩铅卧室空间表现图（孙大野）

由于彩色铅笔触明显,所以在着色时要注意笔触的方向性,保持一定的规律性,轻重也要适度。因为蜡质彩色铅笔为半透明材料,所以上色时按先浅色后深色的顺序,否则深色会上翻。

6.3.3　彩色铅笔室内效果图表现

运用彩色铅笔表达室内效果,作为一种视觉语言形式,彩色铅笔有着较为鲜明的特点,能让观者快速地理解空间的设计表现,并能快速地感知空间。

如图6-48所示,画者对空间的掌控可谓得心应手,利用马克笔和彩色铅笔的组合完成空间上色。马克笔铺大关系,彩色铅笔做细节深化处理,通过彩色铅笔的叠色技法,表达布艺沙发的细腻质感。地面的留白,将阳光照进室内的感觉刻画得惟妙惟肖。

在画面中可以捕捉到画者通过表现媒介,即使用工具、材料、美学规律等因素对空间的感知体验。

手绘的创作源自构图、透视、结构、素描、色彩等多种美学因素在视觉上的表现组合。视觉审美规律源于视觉美的法则,物象的选择、构图的安排都应符合美学分割,其中包含均衡、节奏、韵律、对比等多种因素的统一。如此复杂的美学原理与美学基础知识,对于设计工作者是一个庞大的知识储备的需要,同时应注意审美体系和实际操控能力的协调统一。因此,工具的单纯、操作便捷最易于表现手绘创作,在多样又统一的状态下融合美。

彩色铅笔手绘作为一种年轻的工具材料,将来也必将成为手绘表现的重要材料,它展示着设计师、艺术家、画者的思想情感与审美体验。

⊕ 图 6-48　彩铅室内客厅表现图（孙大野）

6.4　水彩表现技法

水彩渲染是最古老的,也是最难掌握的艺术形式之一,不能用其他介质的控制和校正方式来控制和校正水彩。但正是由于水彩的这种难以控制的自发性,才让水彩的运用充满乐趣,令人兴奋。水彩画常常产生令人不可思议的效果,画家只是偶尔能用其他介质获得这种效果。

6.4.1　绘图工具介绍

水彩画不仅对绘画者的艺术水平、绘画技巧要求严格,且在作画过程中需要用到的绘图工具非常多,对工具的专业程度要求高。

1．水彩颜料

水彩颜料有管装和块装两种。管装颜料易存放,保湿较好,柔软、湿润,调色时比较容易溶解。块状颜料放久了容易干,购买时可根据个人的偏好自由选择。

2．调色盘

水彩作画时,调色盘是不可或缺的工具之一,如若在户外写生或创作,推荐使用折叠调色盘,便于携带,但若是在家中或工作室,调色盘可灵活选择,家中老旧的盘子、碟子都非常适合用来调色。

3．画笔

水彩画笔种类很多。就其材料而言，有人造毛、动物毛或两者的混合使用，貂毛笔具有超强的吸水性，非常适合画水彩，但是价格较为昂贵。而人造毛与貂毛相混合的画笔也不错，而且价格相对低廉，是学生们的首选。

水彩笔根据笔头的粗细，有 1 ～ 12 号不等，可根据个人的作画习惯，将大、小笔号均准备一些。大号笔、扁刷适合大面积平涂，可统一画面；中号笔适合一般性深入描绘；小号笔适合刻画细节。

4．水彩纸

为了充分表现水彩的特色而特别制造的纸就是水彩纸。水彩画对纸张的要求很高，需具备一定的厚度，表面粗糙，且吸水性及吸色性强。如用吸水性不好的纸，水彩的效果很难发挥。尤其是透明的水彩会看到纸的颜色，所以一定要慎选纸的颜色跟质料。水彩纸的颜色有蛋白色和稍微白一点的颜色；至于纸张表面，光滑无纹到细纹的都有。

水彩纸有不同的大小、表面粗糙度及重量（厚度）。水彩纸可以单张购买。单张的水彩纸大小通常为对开的 76cm×56cm，而装订的水彩纸则尺寸多样。

水彩纸也有很多的重量系列，范围包括 190 ～ 640g 多种，甚至更多。190g 的纸张很薄，打湿后容易卷，所以作画时需要提前裱纸。最常用的是 300g 的纸张，如果选用 14 版面 8 开 38cm×28cm 的纸，就不用裱了。对于更大幅画面的作品，推荐使用更重的纸张。

5．画板

画板必须比画纸的尺寸大 5cm，并且有足够的硬度，防止画纸在作画或裱纸时卷曲。常用的画板厚为 1.2cm，大小为 61cm×43cm，足以放 56cm×38cm 大小的画纸。材质上可以使用胶合板，需要足够的硬度，质地较轻的优质泡沫板也值得推荐使用。

6．其他工具

盛水容器：所有的容器几乎都可以用来盛水，其大小最好可以容纳 1L 的水。

胶带（纸胶带）或夹子：其用途是将画纸固定在画板上。

铅笔：一般选用 2B 和 4B 的铅笔，用作前期构图、定型。2B、4B 铅笔笔芯柔软，不易损伤画纸。

软橡皮：用来擦除或修改最初的铅笔线，尽量少用。

吹风机：画面较湿时，可以快速吹干画面。

吸水纸：用来擦干调色盘，吸收画面上多余的水分，或控制画笔的含水量。吸水纸是作水彩画时的理想控水工具。

6.4.2 水彩颜色

水彩颜色丰富多彩，在与不同色彩调和或清水稀释后，都会呈现出意想不到的变化。所以在作画前对颜色的理解非常重要，可以认真观察用清水稀释后会怎样影响水彩颜色的调制。以不同的比例的水或其他颜色来调制新的颜色，所得到的不同颜色会让人为之惊艳，只用红、黄、蓝三种色彩就可以创造出很多的色调和颜色。图 6-49 为加水稀释后的水彩颜色。

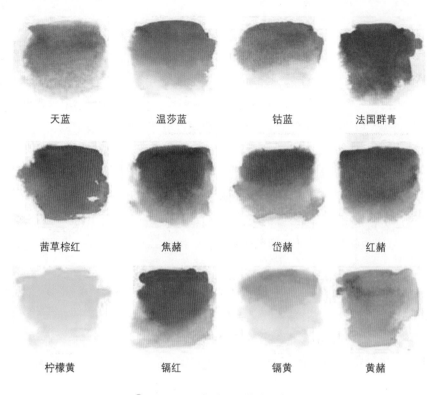

天蓝	温莎蓝	钴蓝	法国群青
茜草棕红	焦赭	岱赭	红赭
柠檬黄	镉红	镉黄	黄赭

⊕ 图 6-49　水稀释后的水彩颜色

6.4.3　水彩基础技法

1．渐层涂色法

渐层涂色法是将画板顶端水平倾斜约 10°，将画纸全部润湿，然后将蘸有浓颜色的画笔从上至下做水平横涂。稀释颜料涂出另一道颜色，稍微与第一道重叠。往下用逐次变淡的颜色迅速大面积横涂。也可以由下往上，或从一侧向另一侧使用此技法（图 6-50）。

2．平涂法

平涂法就是在画纸局部略涂颜色，接下来其他颜色就可以在上面画出轮廓和形状。扁刷最适合用来使用此技法（图 6-51）。

⊕ 图 6-50　渐层涂色法

⊕ 图 6-51　平涂法

3．重叠法

利用水彩的透明性可以创造出中间及更暗的色调，只要将另一层水彩涂在已变干的前一层上。但是，动作须简洁、利落，这样才不会破坏第一层。此技法在画阴影时特别有用（图 6-52）。

4．湿画法

利用湿画法能得到意想不到的画面效果。用清水润湿画纸后滴入不同的颜色。将画板倾斜成不同角度，让颜色相互渗透、浸染。这种画法相当费时，可能需要多次练习和试验才会达到想要的效果。作画时可以在一个小范围内使用此技法，比如描绘树上的叶子时，让颜色产生巧妙的融合（图 6-53）。

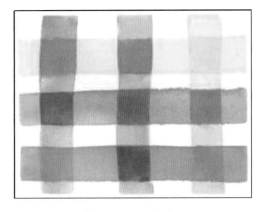

⊕ 图 6-52　重叠法

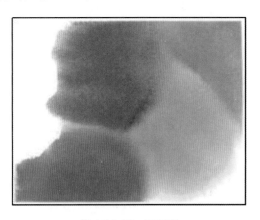

⊕ 图 6-53　湿画法

5．干画法

运用不同的颜料浓度、不同的纸面，让画笔做不同的尝试。干画法完全运用纸张本身的质地，将蘸有颜料（颜料成分高而水分少）的画笔，在纸面上轻拖或轻推。通过控制手上的力度，观察得到的不同笔触和画面效果（图 6-54）。

6．画细线条

水彩画中常常需要用一支线笔来勾勒植物或物体轮廓，这就需要做画时能熟练使用画笔绘制细线条。运用到风景画中，它就特别适合画树上逐渐变细的树枝和细枝。画的时候要将笔握直，而线条的粗细则透过下压力道的改变来控制。要画渐细的线条，须练习从粗线条之后延伸出细的线条，重复练习才能画好（图 6-55）。

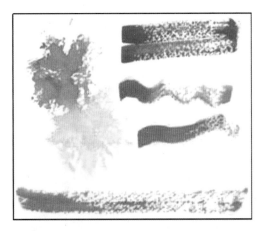

⊕ 图 6-54　干画法

⊕ 图 6-55　细线条

6.4.4 水彩渲染

渲染也是属于湿画法的一种,但其技法要求更高。水彩有两种渲染手法。一种是用铅笔轻轻勾出轮廓,然后用水彩渲染;另一种是用笔和墨水勾勒然后用水彩渲染。后一种手法比较简单,获得的画面效果比较强烈鲜明。熟练掌握水彩渲染手法需要不断实践。但是一旦掌握了它,将大大提高绘画者的绘图技法,特别是用于大面积泼洒应用,如天空和水面(图 6-56)。这也是一种让绘画者在绘图时可以自由放松的介质。

⊕ 图 6-56 水彩渲染

6.4.5 水彩室内效果图表现

在室内设计效果图表现所呈现的视觉效果中,水彩的明亮度远比马克笔低,绘画节奏感也显得缓慢,能够有效塑造物体的明暗关系与色彩变化,真实客观地刻画物体形态、色彩与具体特征。但由于其作图工具烦琐,作画过程耗时较久,较少用于室内效果图快速表现,更多用于艺术创作。

图 6-57 所示是利用水彩表达客厅。

第一步:按透视原理完成客厅线稿,并将投影部分画出。

第二步:用扁刷快速上色,先用深灰色水彩铺出沙发投影。

第三步:用浅灰色水彩完成客厅顶棚上色,注意水彩扁刷笔触与空间透视关系一致,平行于画面,或消失于灭点。

第四步:完成地面与墙面上色,注意用留白的方式表达光影效果。

第五步:调准色彩,完成沙发、茶几、电视柜等家具上色。虽然同是黄色系,但需注意色彩间的细微变化。

第六步:换用小笔完成沙发、茶几及其他陈设品,收拾整理画面,完稿。

⊕ 图 6-57　水彩客厅效果图表现（陈红卫）

　　图 6-57 虽然是水彩空间效果图表现，但由于采用扁刷快速着色，笔触明快，整个画面效果与马克笔表达相似。这类画法适合室内设计方案快速表达、方案草图快速呈现等。

　　如图 6-58 和图 6-59 所示，作者采用了平涂法、重叠法、画线条等水彩绘制方法完成室内空间效果图。首先，用平涂法对室内空间进行着色；其次，待第一层色彩干了后，将第二层水彩附上，利用水彩的透明性丰富色彩，以达到更加自然的色彩变化；最后，用画细线条的方法勾勒细节，完成画稿。此种方法可以绘制出更多的细节，画面效果经久耐看，值得细细品味。

⊕ 图 6-58　水彩室内效果图表现一

图 6-59　水彩室内效果图表现二

　　在效果图绘制过程中，除了利用马克笔、彩色铅笔、水彩等单一工具表现画面外，还可以尝试各种工具的组合运用以达到更为丰富的色彩效果。无论是马克笔、彩色铅笔还是水彩手绘表现，反映的是设计师的审美观念和艺术修养，这也是个人文化和内涵的最终体现。在进行室内手绘效果图的创作时，需要通过对色彩的掌控，营造室内空间气氛，统一色调，注意色彩的过渡与层次感，保证设计画面效果充满活力。

　　设计者要将室内设计与艺术创作进行有机结合，通过提升自身的绘画基本功，熟练掌握色彩的变化与运用，将自己的设计构想完美地表现出来，进一步提高室内设计手绘效果图的绘制水平。

习　　题

　　1．如何运用马克笔的笔触来刻画室内家具陈设？

　　2．如何运用彩色铅笔完成室内效果图表达？

　　3．如何运用水彩来渲染室内空间氛围？

　　4．分别利用马克笔、彩色铅笔、水彩等工具，完成室内空间效果图表现各一张，图幅大小为 A3 纸。

第 7 章
室内空间快题设计

7.1 居住空间设计

7.1.1 居住空间设计内容

居住空间是人们居住和生活的场所,从如下几个部分展开设计。

1. 门厅

门厅指居室入口的区域,是家庭内部和外部、个体和共体结合的场所,是给家人或客人的第一印象区。在心理上,门厅不仅有内外区域之分,而且要稳重、宽裕。设计时需充分考虑功能、空间特点、性质定位等要素。

功能要点:外部空间进入内部空间的过渡性空间,更换鞋帽。

空间特点:面积狭小,与主空间相连,交通暂留地。

性质定位:心理缓冲,增加内厅私密性,概括室内风格,彰显主人个性。

因其在居室中的特殊位置,通常被摆在装饰中的重中之重位置。门厅表现的是一个家的风貌,而不仅仅是单纯地脱换鞋的空间场所。

2. 客厅

客厅是家人团聚、会客、娱乐、视听等活动的主要场所,是居住空间中使用活动最为集中、使用频率最高的室内空间。客厅的摆设、布置给人留下深刻的印象,最能体现房间主人的性格、品位和文化底蕴。因此,客厅的装饰在整套住房的装饰设计中至关重要,在居住空间室内造型风格、环境氛围方面起到主导作用。

客厅作为家庭生活活动区域之一,具有多方面的功能,它既是全家的活动场所,又是接待客人、对外联系交往的社交活动空间。因此,客厅便成为住宅的中心空间和对外的一个窗口。客厅应该具有较大的面积和适宜的尺度,同时,要求有较为充足的采光和合理的照明。

面积在 20 ~ 30m² 的相对独立的空间区域是较为理想的公寓房客厅,别墅客厅空间区域则更大。

3. 餐厅

餐厅是一个家庭的就餐空间。餐厅使用率高,在居室中是必不可少的。餐厅在使用方面要求洁净、方便、舒适。一般除布置必要的餐桌、餐椅外,还可根据主人的需求设计酒柜储藏酒具等。餐厅的位置应靠近厨房,与厨房相邻的餐厅可以做成酒吧式,用透明隔断或酒柜将餐厅和厨房隔开。由于不做全面隔断,在视觉上会感到空间较为宽敞。

餐厅的设计变化多且形式自由，不拘一格，这主要取决于对空间的要求和总体的设计风格，同时设计者也必须考虑到它的尺寸和配套家具。餐厅中家具的风格对室内空间整体风格起着不可忽略的作用。

餐厅的设计具有很大的灵活性，可以根据各自的爱好以及特定的居住环境确定不同的风格，创造出各种情调和气氛。餐厅设计要求简单、便捷、卫生、舒适。相比客厅，餐厅正逐渐被重视，在设计空间面积、装饰投入等方面正在逐渐提升。宽敞、明亮、舒适的餐厅是一个家庭不可或缺的空间。

4．卧室

人的一生当中有1/3的时间是在睡眠中度过的。睡眠是人们休养生息的主要方式，良好的睡眠是工作、学习、生活的主要源泉，也是身心健康的保证，在卧室里每个人都积极地去放松自己，可以不需要面对人生的风风雨雨、是是非非。为了获得较高的睡眠质量，卧室一定要保证空气流通，保证室内空气清新。在卧室的布局上，宜趋于轻松、单纯，最好使用手感温暖且易于清理的材料来装修。

现代的卧室风格追求的是宽敞、舒适。但是即使卧室面积不是很大，一样可以设计得温馨舒适。经过了一天的劳累，身体需要得到完全的放松和休息，人们希望卧室带给他们的作用不仅仅是睡眠，还应具备安全感。在这一点上，小型卧室具备不可替代的舒适及安全感。

5．书房

作为工作、阅读、学习的空间，书房又称家庭工作室，是作为阅读、书写以及业余学习、研究、工作的空间，特别是从事文教、科技、艺术的工作者必备的活动空间。它是为个人而设的私人天地，以实用和舒适为主题。它也是最能体现居住者习惯、个性、爱好、品位和专长的场所，而且还为主人提供书写、阅读、创作、研究、书刊资料储存以及兼有会客交流的功能。

在书房设计中必须考虑安静、采光充足，有利于集中注意力。为达到此效果，可以使用色彩、照明、饰物等不同方式来营造。

6．卫浴空间

卫浴空间是家中较小的空间，具备如厕、浴、洗及简单的储藏功能，实用性强，利用率高，是家中最重要的地方之一，也是装修单位面积最贵的地方，设计时需合理巧妙地利用每一寸面积。

卫生间已由最早的一套住宅配置一个卫生间，到现在的双卫（主卫、公卫）和多卫（主卫、客卫、公卫）。

7.1.2　居住空间快题设计案例

设计题目：老年公寓改造设计。

设计任务书：为改善老年人居住环境，方便生活起居，提升生活品质，拟对某居住区内的老年公寓进行室内设计改造。原始建筑平面为8.2m×4m，总面积为32.8m²，原空间狭小、局促。

方案改造需满足老年人日常生活起居，并兼顾舒适性，具体功能与要求如下。

（1）功能空间组成：卫生间、厨房、卧室、用餐空间；读书、看报、看电视的休闲娱乐空间；晾晒空间；生活必备的储藏空间等。

（2）因原始空间狭小，部分功能空间可开放布置，但需保证适用原则。

（3）图纸要求：平面图、立面图（不少于两个）、轴测图，以及其他相关表达设计构思的图纸。

（4）表达方式：绘图表现方式不限；A2 图纸；图面表达清晰；根据表达需要，可以辅助以反映方案构思的简要文字说明。

（5）时间要求：6 小时。

设计方案如图 7-1 所示。

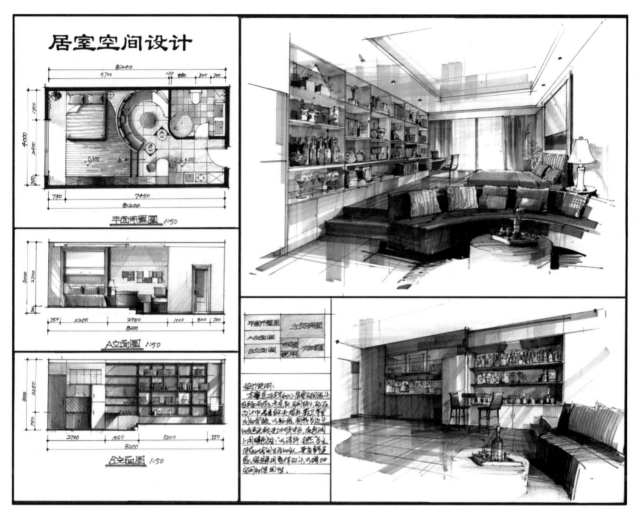

🛈 图 7-1　居住空间快题设计（孙大野）

7.2　办公空间设计

7.2.1　办公空间设计要点

从办公空间的特征与功能要求来看,办公空间设计应遵循如下几个基本要素。

1. 秩序

设计中的秩序是指形的反复、形的节奏、形的完整和形的简洁。办公室设计也正是运用这一基本理论来创造一种安静、平和与整洁的环境。秩序感是办公室设计的基本要素。

要达到办公空间设计中有秩序感的目的,涉及面很广,如家具样式与色彩的统一;平面布置的规整性;隔断高低尺寸与色彩材料的统一;顶棚的平整性与墙面理性的装饰;合理的室内色调及人流的导向等。这些都与秩序密切相关,可以说秩序在办公空间设计中起着最为关键性的作用。

2．明快

让办公室给人一种明快感也是设计的基本要求,办公环境明快是指办公环境的色调干净明亮,灯光布置合理,有充足的光线等,这也是办公室的功能要求所决定的。在装饰中明快的色调可给人一种愉快的心情,给人一种洁净之感,同时,明快的色调也可在白天增加室内的采光度。

目前,有许多设计师将明度较高的绿色引入办公室,这类设计往往给人一种良好的视觉效果,从而创造一种春意,这也是一种明快感在室内的创意手段。

3．现代感

目前,在许多企业的办公室,为了便于思想交流,加强民主管理,往往采用共享空间开敞式设计,这种设计已成为现代新型办公室的特征,形成了现代办公室新空间的概念。

现代办公室设计还注重办公环境的研究,将自然环境引入室内,绿化室内外的环境,给办公环境带来一派生机,这也是现代办公室的另一特征。现代人机工程学的出现,使办公设备在适合人机工程学的要求下日益增多与完善,办公的科学化、自动化给人类工作带来了极大的方便。我们在设计中要充分地利用人机工程学的知识,按特定的功能与尺寸要求来进行办公空间设计。

4．舒适

办公空间设计应尽量利用简洁的建筑手法,避免采用过去造型烦琐的细部装饰,以及过多、过浓的色彩点缀。在规划灯光、空调和选择办公家具时,应充分考虑其实用性和舒适性。

5．环保

作为环境设计者的室内设计师,要提倡绿色设计,在办公空间设计中融入环保观念,选用环保的材料,创造人与办公空间和谐的环境。

办公空间布局设计可采用如下四种类型。

(1)蜂巢型。蜂巢型属于典型的开放式办公空间,配置一律制式化,个性极低。适合例行性工作,彼此互动较少,工作人员的自主性也较低,如电话行销、资料输入和一般的行政工作。

(2)密室型。密室型是密闭式工作空间的典型,工作属性为高度自主,而且不需要和同事进行太多互动,例如大部分的会计师、律师等专业人士。

(3)鸡窝型。多个团队在开放式空间共同工作,互动性高,但不一定属于高度自主性工作,例如设计、保险处理和一些媒体工作。

(4)俱乐部型。这类办公室适合需要独立进行,偶尔也需要和同事进行互动的工作。同事间是以共用办公桌的方式分享空间,没有统一的上下班时间,办公地点可能在顾客的办公室,也可能在家里,还可能在出差的地点。如广告公司、媒体资讯公司和一部分的管理顾问公司都已经开始使用这种办公方式。

以上类型中,俱乐部型的办公空间设计最引人注目,部分原因是这类办公室促使充满创意的建筑的诞生,但是设计师领先时代的创意也在考验上班族的适应度。这类办公场所没有员工单独的办公室,各部分都以目标用途进行设计,例如有沙发的起居间、咖啡屋等。

7.2.2 办公空间设计案例

设计题目:工作室快题设计。

设计任务书:某独立室内空间,层高为 4.2m,长、宽尺寸为 18m×12m,总面积为 216m²。拟将该空间设计成工作室,需满足主题空间要求并符合相关规范,具体门窗位置、形态、材料自定。

具体功能与要求如下。

(1)功能空间:无具体要求,根据空间主题自定义具体功能空间。

(2)图纸要求:A2 图幅;完成平面图、顶棚图、立面图(不少于两个)、效果图、设计说明及其他相关表达设计构思的分析图,比例自定。

(3)表达方式:绘图表现方式不限;图面表达清晰。

(4)时间要求:6 小时。

设计方案如图 7-2 ~ 图 7-4 所示。

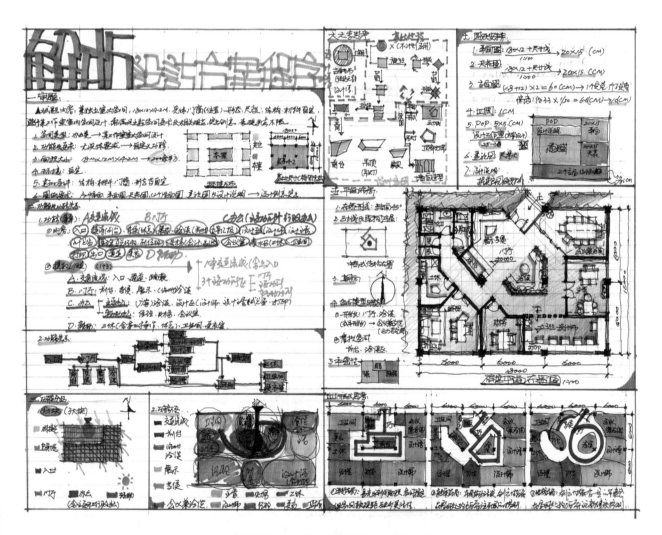

图 7-2 工作室快题设计一(秦瑞虎)

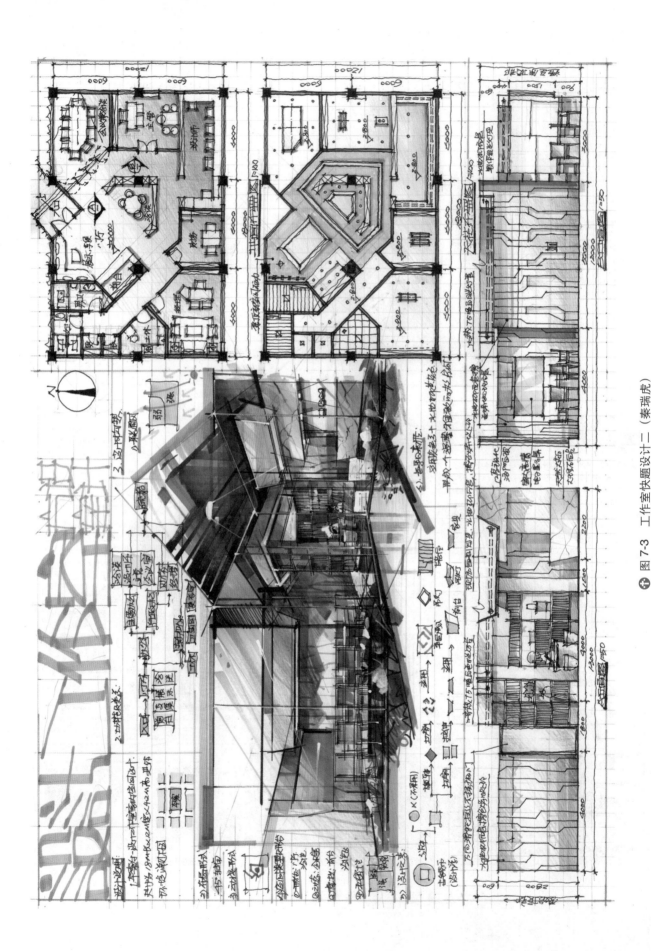

图7-3 工作室快题设计二（秦瑞虎）

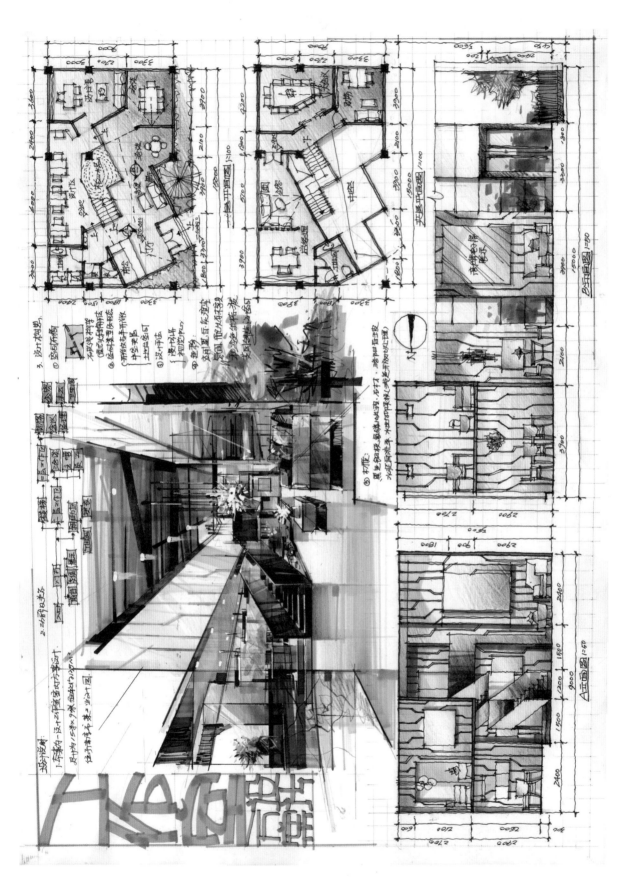

图 7-4 工作室快题方案设计三（秦瑞虎）

7.3 展示空间设计

7.3.1 展示空间设计要点

通过展示空间设计创造展示的环境、气氛,使商品陈列具有视觉冲击力、听觉感染力、触觉激活力、味觉和嗅觉刺激感,以便促销商品和吸引顾客的注意力,提高顾客对展品的记忆。

展示空间具体生动,比大众媒体广告对商品的展示更直接,更富有感染力,更容易刺激顾客的购买行为和消费行为。在社会经济生活中,商业展示活动也逐渐受到大家的关注,如服装展示、汽车展示、售楼处的楼盘展示等。动态展示使展示更生动,更具活力。展示设计应从以下方面入手。

1. 人员的流动

根据现在展厅的布局来说,顾客通道设计得科学与否直接影响顾客的合理流动。一般来说,通道设计有以下几种形式。

（1）折线式:是指所有的展台设备在摆布时互成直角,构成曲径通道。

（2）斜线式:这种通道的优点在于它能使顾客随意浏览,气氛活跃,易使顾客看到更多的展品,增加更多的购买机会。

（3）自由滚动式:这种布局是根据展品和设备特点而形成的各种不同组合,或独立,或聚合,没有固定或专设的布局形式,销售形式也不固定。如利用过道等空间设立立体广告物,利用外派形象工作人员装扮的可爱动物与顾客沟通;在顾客流通的地方,比如电梯和走廊,可做动态的 POP 广告,将广告造型借用马达等机械设备或自然风力进行动态的展示。

2. 展品的流动

有效利用展品本身的物理、化学等特性,使其进行运动,在运动中展示自身的特色。如汽车展示,可以突破静态放置而将汽车放置在公路上,或举办车队竞赛、游行等。

运用一些特殊的动态展架,使放在上面的商品可以有规律地运动、旋转,还可以巧妙地运用灯光照明的变换使静止物体产生动态化的效果。巧妙变化、闪烁或辅以动态结构的字体,也能产生动态的感觉。此外也可在无流动特性的展品中增加流动特征。

3. 展具的流动

通过自动装置使展品呈现运动状态,常见的运动展具有以下几种。

（1）旋转台:台座装有电动机。大的旋转台可以放置汽车,小的可以放置饰品、珠宝、手机、计算机等,其好处在于观众可以全方位地观看展品。无论观众处于何位置,观看机会都是均等的,这样可以提高展具的利用率,充分发挥其使用价值。

（2）旋转架：旋转架是在纵面上转动的，其优点在于可以充分利用高层空间。

（3）电动模型：人形、动物、机器和交通工具均可做成电动模型，使之按照展示的需要而运动，如穿越山洞的火车、跨越大桥的汽车、发射升空的火箭、林中吼叫的鸟兽等，可以以小见大，营造活跃的气氛，提高观者的观感和乐趣。

（4）机器人：通过机器人的转动、行走、说话，发出音乐与观众进行交流，或为观众做些简单的服务等程序的设定，使展示更为生动和富有趣味性。

（5）半景画和全景画：制造真实的空间感和事发状态。具体做法是在实物后面绘制立体感强的画面，或者利用高科技大屏幕投影等手段装上一个假远景，造成强烈的空间层次感，使原来平淡的东西变得真实起来，如再配上电动模型、灯光和音响，就会产生舞台效果，使观众产生身临其境的感觉。

4．空间的流动

空间的流动主要分为两类：一是虚拟的空间流动，通过高新科技影像等手段形成一种空间上的变化，使空间成为一个流动的空间，让人感觉仿佛在空间中漫游；二是现实的空间流动，比如整个展厅的旋转、广告宣传车的四处宣传，这些都使展品与观众更接近，从而更好地为产品做了宣传。

现代商业空间的展示手法各种各样，它有别于陈旧的静态展示，不采用活动式、操作式、互动式等，是一个完整的人性化空间。在造型设计上尽量做到有特色，在色彩、照明、装饰手法上力求别出心裁，在布置方式上将展示陈列生活化、人性化、现场化，在参观方式上提倡观众动手操作体验，积极参加活动并形成互动，使人感觉不是在看商品展出，而是一种享受。调动参观者的积极参与意识，使展示活动更丰富多彩，才能取得好的效果。

7.3.2　售楼处展示设计案例

设计题目：售楼处快题设计。

设计任务书：某钢结构玻璃建筑，长、宽尺寸为 16m×8m，层高为 6m，总面积为 128m²。拟将该空间设计成售楼处，需满足主题空间要求并符合相关规范，具体入口、门窗位置自定。

具体功能与要求如下。

（1）功能空间：包括接待区、展示区、洽谈区、办公区、卫生间等功能，可根据需要增设相关功能。

（2）图纸要求：A2 图幅；完成平面图、顶棚图、立面图（不少于两个）、效果图、设计说明及其他相关表达设计构思的分析图，比例自定。

（3）表达方式：绘图表现方式不限；图面表达清晰。

（4）时间要求：6 小时。

设计方案如图 7-5 和图 7-6 所示。

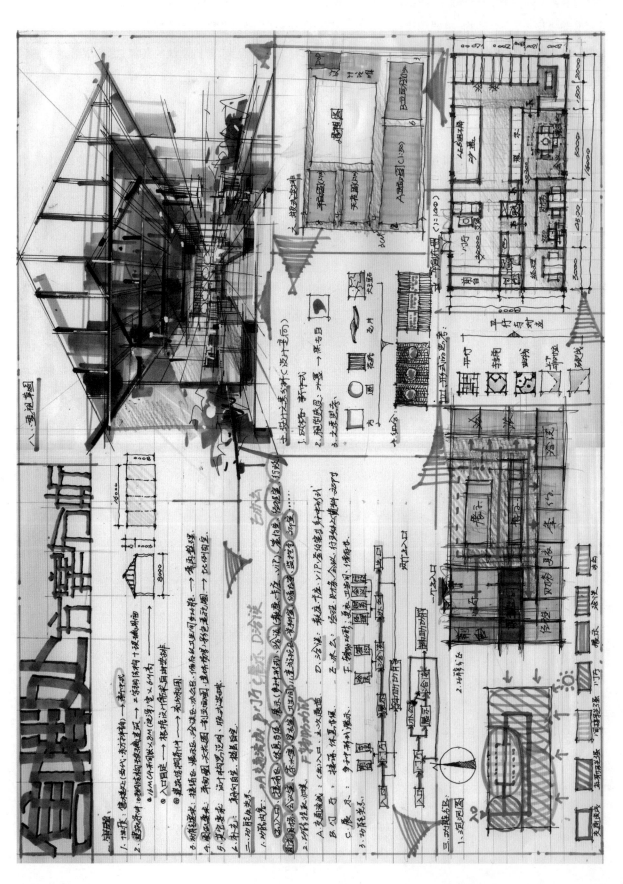

● 图7-5 售楼处快题设计—（秦瑞虎）

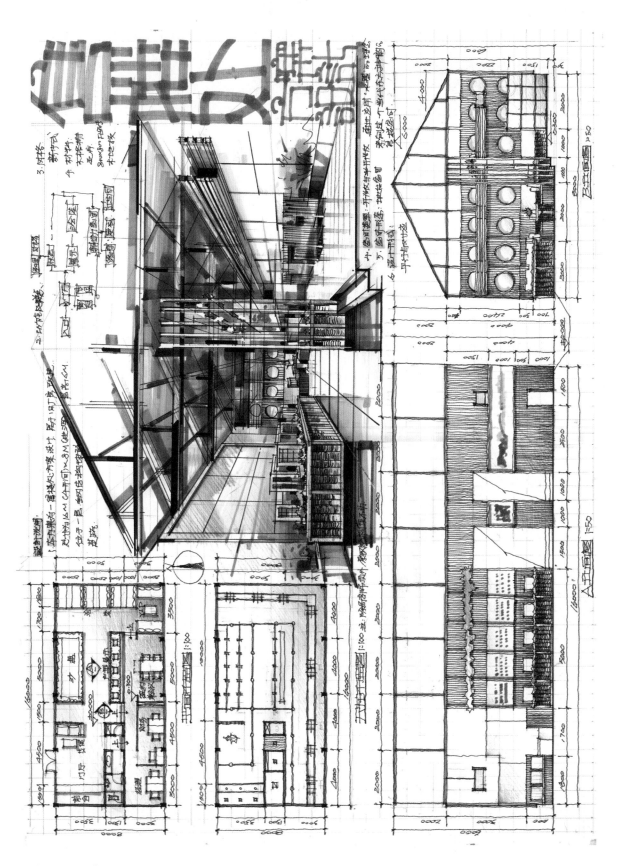

图 7-6　售楼处快题设计二（秦瑞虎）

7.4　娱乐休闲空间设计

7.4.1　娱乐休闲空间设计要点

娱乐空间是指夜总会、KTV 等场所。夜总会是高级的娱乐场所,豪华高档的装饰和体贴入微的服务是其特色,而能否赋予"玩"更为丰富的内容,则是娱乐场所吸引顾客的亮点,也是设计师必须要解决的一个重要问题。夜总会空间氛围、功能设计和别的空间环境设计不一样,"玩"的环境中,声、光、色、形都在动态之中,变化丰富,设计者不仅需要美学知识和技能,而且需要运用高科技手段,专业知识范围应十分广泛。在信息时代,设计师还要把握相关的最新科技成果,用于娱乐环境创新设计,只有不断学习才能不断出奇出新。

1．选址和规划

夜总会、KTV 地点的选址至关重要,科学地选择经营地点是对服务人群的基础保障,商业比较集中、经济比较发达、人员素质比较高、交通便利的地方就是较为理想的位置。

设计前应该对经营环境进行周到细致的划分,室内功能间的划分,如公共表演区、大包房、中包房、小包房、化妆室、洗手间等都要有序地规划。

2．大厅

宽敞、豪华、气派的接待大厅是"门脸",是迎送客人的礼仪场所,也是夜总会、KTV 中最重要的交通枢纽,其设计风格会给消费者留下极为深刻的印象。大厅应明亮宽敞,无论大门是朝哪个方向,其设计要对客人产生强烈的亲和力,让客人一进大厅就有一种舒适的感觉。室内装饰要选用耐脏易清洁的装饰面为材料,地面与墙面采用具有连续性的图案和花色,以加强空间立体感,同时,还要注意减少噪声的影响。

3．包房

包房设计是根据房间大小、档次的高低、使用目的决定的,按照房间的大小通常分为:豪华型(总统型)、派对型(中包间或者套间)、普通型(小包间)。按照档次分为:高档次豪华包间、中档次派对包间、低档次经济型包间。按照使用的目的可分为:家庭影院兼容卡拉 OK 型豪华包间(房间内设有小型舞池和灯光)、餐饮娱乐型卡拉 OK 包间、主音箱加环绕和重低音音箱型、普通立体声型。

包房内装修方面,地面的材质一般选用地砖、木地板等,颜色以深色为宜。若需要铺设地毯,则以浅灰色系为宜,墙壁采用软包墙纸或涂料,顶棚使用具有吸声效果较好的材质。

4．吧台、收银台

吧台是供应酒水的地方,台面高度适中,过高会有拒人于外的感觉,过低又有不安全感,适宜的高度为 1100～1200mm,或取 1070mm、1080mm、1260mm。吧台设有电炉、咖啡壶、水龙头和冲洗槽之类,便于操作。

5．走廊

夜总会、KTV 走廊太窄会让人有局促感,宽敞的走道给人安静和温馨的感觉。精心设计的走廊,可以使过道的沉闷一扫而空,成为一道亮丽的风景线。如在走廊上另外铺设地毯,设计别致的图案样式,会让步入者有新颖错落的感觉。

6．化妆室

夜总会、KTV 中化妆室的照明一定要明亮,色调也应该是宜人的,让人居于其中有一种精神上的享受,并有愉快的心情。化妆室设计要达到这种目的:进化妆室时感到非常舒适放松,出化妆室时精神焕发,得到另外一种享受。

7．附属区域

夜总会、KTV 的装饰设计风格通常会考虑当地的地方特色、风土人情及消费群体文化素质等。在现代化的大城市,可以设计成豪华的多功能夜总会、KTV。房间内可以增加工艺品的摆放区域和自由娱乐区域,如自助式酒吧区、小型舞池区、情侣品茶区、小型舞台表演区等,这些设计区域是高消费人群的首选。附属区域的设计和施工在装饰和灯光上也特别讲究,文化内涵特别丰富,可设计为欧式、日式、中式,或原始森林式、古堡式和奇幻式等。

7.4.2 娱乐休闲中心设计案例

设计题目:休闲中心快题设计。

设计任务书:某研发中心位于江南某地,山林怀抱、环境优雅,为缓解研发人员的工作压力,拟将研发中心内庭院改造成娱乐休闲中心,为其提供一个放松自我、感知时光的休闲娱乐体验场所。

具体功能与要求如下。

(1) 功能空间:出入口、休闲娱乐区(含茶饮、交流、阅读等)、表演活动区、吧台区、操作间、卫生间等功能间,可根据需要增设相关辅助空间。

(2) 图纸要求:A2 图幅;完成平面图、顶棚图、立面图(不少于两个)、效果图、设计说明及其他相关表达设计构思的分析图,比例自定。

(3) 表达方式:绘图表现方式不限,图面表达清晰。

(4) 时间要求:6 小时。

设计方案如图 7-7 ～图 7-9 所示。

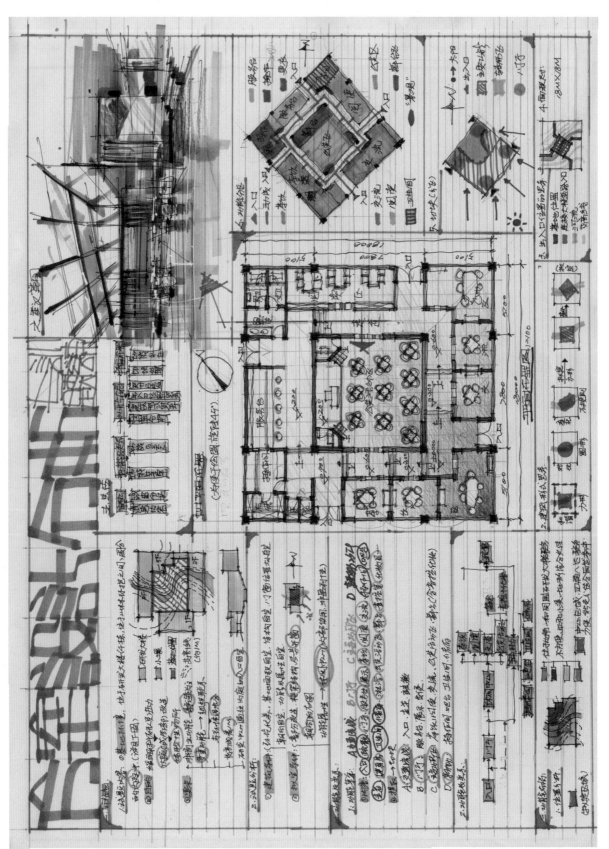

图7-7　娱乐休闲空间快题设计一（秦瑞虎）

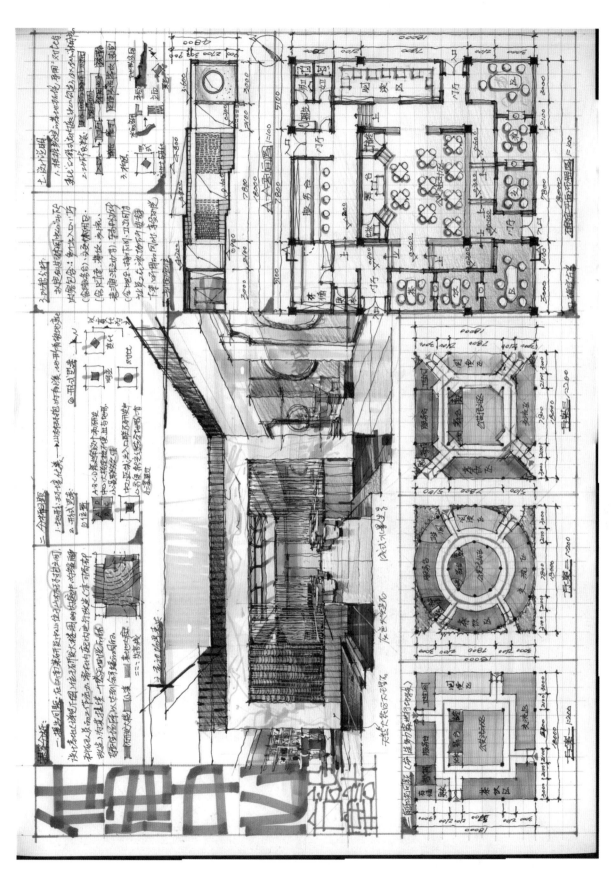

图 7-8　娱乐休闲空间快题设计二（秦瑞虎）

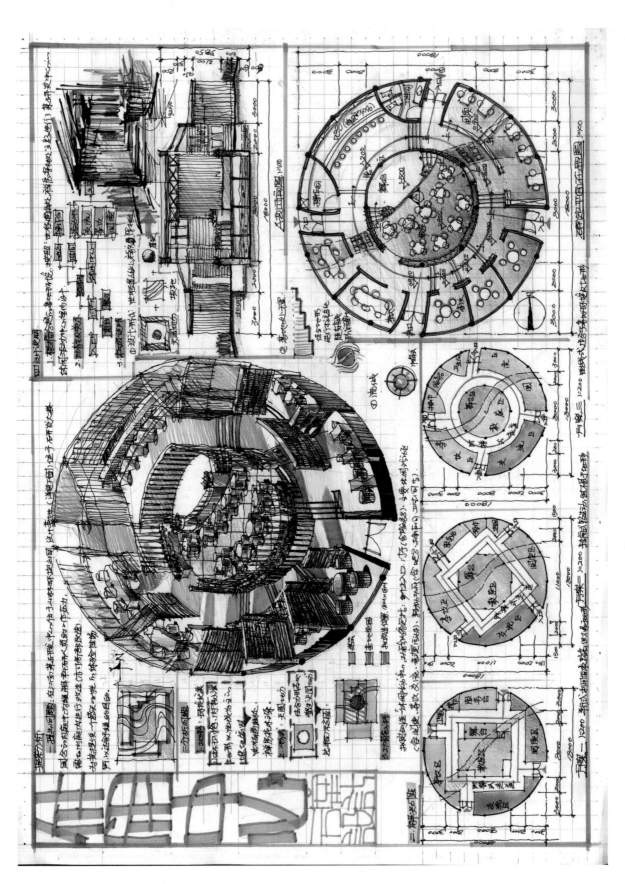

图 7-9　休闲空间快题设计（秦瑞虎）

7.5 商业空间设计

7.5.1 商业空间设计要点

商业空间是指商场、超市等营业空间,商业空间设计以展示商品、促进销售和展示产品为目的。可从如下方面着手设计。

1．环境设计与设计定位

商场的环境设计是一种生态系统,要营造一个现代的、时尚的、具有一定品牌号召力的购物商场,在公共空间设计上必须能够准确地表达卖场的商业定位和消费心理导向。对商业建筑的内外要进行统一的设计处理,使其设计风格具有统一的概念和主题,商场展示拥有明确的主题,其传播效果及吸引力会大大增强。

在商业资源的吸纳、定位、重置、重组的过程中,贯穿全新的设计概念,建造一个时尚魅力的卖场空间。这就需要设计师和企业决策者进行相应的沟通交流,使企业上下设计思想达到一致,让新的设计理念得到彻底的贯彻落实。

2．动线规划与种类布局设计

在商业卖场室内设计与规划中,首先要解决的问题是：建筑自身的结构特点与商业经营者要求的利用率进行动线设计整合,以满足商业定位的要求。对宽度、深度、曲直度的适应性推敲,给进入商场的消费者以舒适的行走路线,有效地接受卖场的商业文化,消除购物产生的疲劳,自觉地调节消费者的购物密度,是动线规划设计功能的重要体现。

商场的布局取向,在卖场空间内承载着实现多种经营主体之间相互促进、相互配合与衔接的作用,让消费者在合理的格局中,采集到大量的来自不同品牌背景的产品信息。

充分考虑员工人流、客流、物流的分流,考虑人流能到达每一个专柜,杜绝经营死角。还应设置员工休息间,休息间内设置开水炉、休息座椅、碗杯柜,在各楼层设置员工用饮水机,只有让员工满意了,才能更好地为顾客服务。在每一层设置休息座,包括咖啡吧、饮水机等；在每层卫生间设置残疾人专用卫生间；在功能上,为方便顾客,设置成衣修改、皮具保养、礼品包装、母婴乐园、维修服务处；对于 VIP 客户,还应专门设置贵宾区,其中还应考虑治谈、会客、休息、茶水、手机充电等功能。

3．顶棚、地面与公共空间设计

商场室内顶棚营造设计应力求简洁大气,不宜过分复杂,能达到烘托照明的艺术效果,注重实际功效。商场地面的设计应在动线设计的基础上,适应品牌环境的特点,选取合适的贴面材质,清晰地表达出动线区域的分割引导功能,在主题区域承担营造氛围的基础作用。

共享空间设计涵盖了商业空间的柱面、墙面、中庭、休闲区、促销区等诸多方面,还应同时顾及实际功能使用和商业主题文化的宣传与推广,这是商场设计中的一个重要环节,它的设计是延续务实与引导时尚的产物,对商场企业文化的建设与推广具有十分重要的现实意义。

4. 氛围与导向系统设计

当商场业种布局确立之后,品牌形象的氛围设计将承担品牌区域的重要诠释作用,是品牌资源的基础。不同品牌的文化属性依据一定的共享主题,自然而合理地衔接于一个个具体的商业环境里,共同诠释着卖场内的时尚信息。品牌氛围设计集中表达了品牌资源定位的高低、年龄的差异、性别的不同、功能的描述以及时尚的引导,使卖场内的商品布局和空位清晰、准确地传达给消费者。

导向系统是商场环境设计中的重要平面组成部分,应用功能全面,包括室内室外的全局介绍、楼层作用简介、功能区的导引、品牌文化的宣传等。具体内容的设计排版、材质选择、制作工艺、安装规范都在实际使用中映衬商场的时尚品位。

导向系统不仅指示具体的行进方向,更隐含着商场经营者对商业理念的诠释。

5. 商场光与色的设计

购物场所的光线可以引导消费者进入商场,使购物环境形成明亮愉快的气氛,可以把商品衬托得光彩夺目,引起消费者的购买欲望。照明分为基本照明、特殊照明和装饰照明。首层基础照明为 1000 ~ 1200lx,其他楼层基础照明为 700 ~ 800lx。在保证整体照明度的情况下要尽可能考虑重点照明及二次照明。在色温上,除黄金珠宝及食品考虑暖光、电器考虑冷光,其余基本考虑使用中性色温。

色彩会对消费者心理产生影响。不同的色彩及其色调组合会使人们产生不同的心理感受。商场的色彩设计也可以刺激消费者的购买欲望。

色彩对于商场环境布局和形象塑造影响很大。为使营业场所色调达到优美、和谐的视觉效果,必须对商场各个部位,如地面、顶棚、墙壁、柱面、货架楼梯、窗户、门以及导购员的服装等,设计出相应的色调。

整体以浅色系为主,局部点缀亮丽色彩,来渲染商业气氛及休闲氛围。融入万千百货主题色和企业识别系统,烘托连锁百货的文化和特色。色彩运用要在统一中求变化,变化中求统一。

7.5.2 商业空间设计案例

设计题目:小型商业空间——专卖店(鞋店)快题设计。

设计任务书:某临街小型商业空间,长、宽尺寸为 16m × 8m,层高为 4.5m,总面积为 128m²。拟将该空间设计成品牌专卖店(鞋店),需满足主题空间要求并符合相关规范。

具体功能与要求如下。

(1)功能空间:包括入口、新品区、男鞋展示区、女鞋展示区、橱窗展示区、男鞋试鞋区、女鞋试鞋区、收银、卫生间及必要的储藏等功能,也可根据需要自行增设相关功能。

(2)图纸要求:A2 图幅;完成平面图、顶棚图、立面图(不少于两个)、效果图或抽测图、设计说明及其他相关表达设计构思的分析图,比例自定。

(3)表达方式:绘图表现方式不限,图面表达清晰。

(4)时间要求:6 小时。

设计方案如图 7-10 和图 7-11 所示。

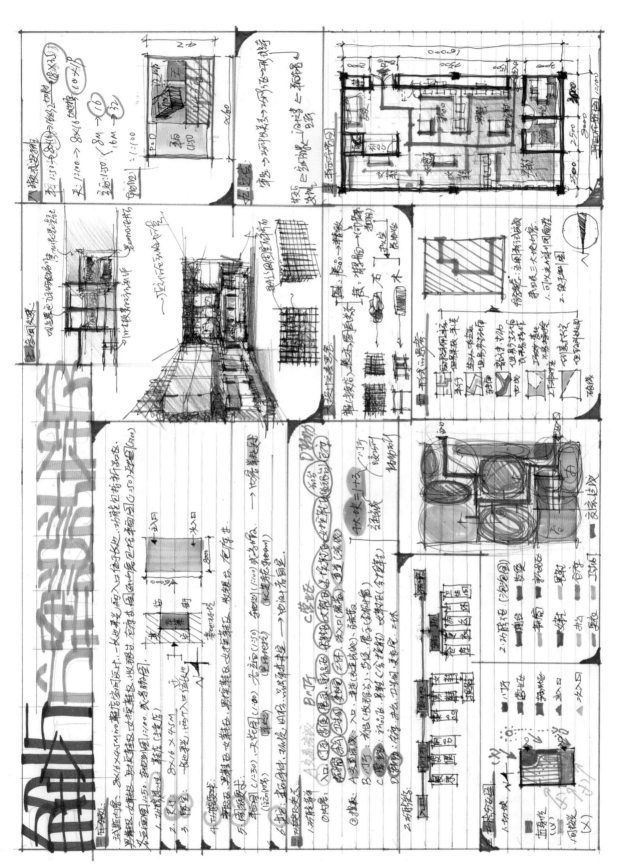

● 图 7-10 专卖店设计方案解析（秦端虎）

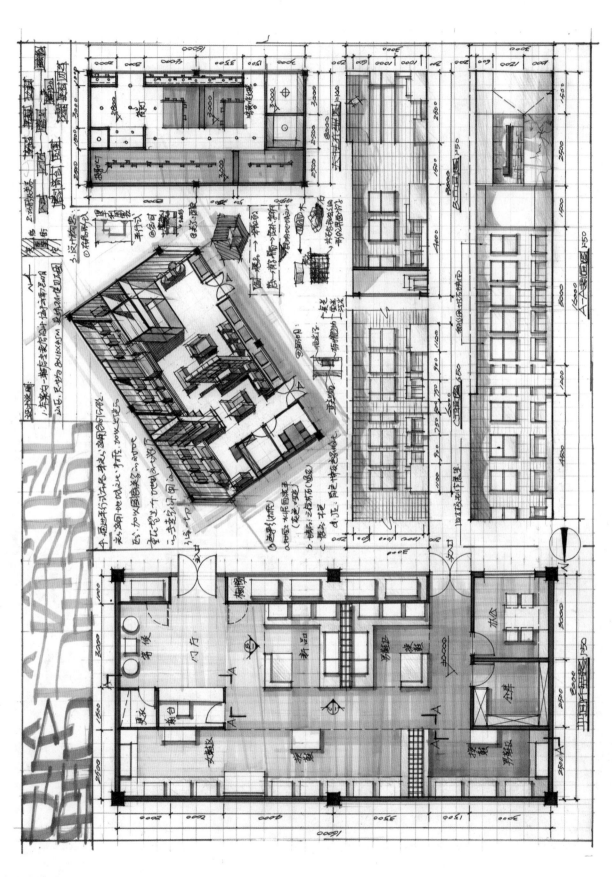

图 7-11　专卖店快题方案设计（秦瑞虎）

7.6 茶室空间设计

7.6.1 茶室设计要点

茶室空间的大小要适宜,过大显得空荡、冷落、寂寞,过小则不利于空气对流,室内空气浑浊,也容易感觉沉闷。室内空间中墙壁的颜色色调应该在顶棚和地板之间,这样才能达到和谐,并造就好的环境。

1. 空间的布局

空间内部的布局基本要求是:敞亮、整洁、美观、和谐、舒适,满足人们的生理和心理需求,有利于人们的身心健康。主要采用"围""隔""挡"的组合变化,灵活多样地划分空间,造就舒适、优雅的环境。

所谓"围",就是利用帷幔、家具等,在大的空间中围出另外的小空间;或者用象征的手法,在听觉、视觉方面形成独立的空间,使人在感觉上别有洞天,而实际上还是融合在大空间里。

所谓"隔",就是用柜、台、屏风、绿化等手段,在大空间中划分出不同功能的活动区域。

所谓"挡",就是用家具、胶木折页门帘等,分隔出功能特点差异较大的活动区,但整体空间依然畅通。

2. 空间的净高

从人的心理需求来看,净高 6m 会使人感到过于空旷;净高 2.5m 以下则使人感到压抑和沉闷;净高 3m 左右则使人感到亲切、适宜,这样的高度给人的感觉较好。应根据具体的层高设计出不同风格的娱乐空间,发挥空间能量的最大作用。

从科学的角度来考虑,在不同净高的空间中,二氧化碳浓度也不同,净高 2.4m,空气中的二氧化碳浓度大于 0.1%,不符合室内空气中二氧化碳浓度的卫生标准;净高 2.8m,空气中的二氧化碳浓度小于 0.1%,符合卫生标准。

3. 顶棚和墙面

顶棚和墙面使用的材料有胶合板、石膏板、石棉板、玻璃绒以及贴面装饰,除了考虑经济和加工两个方面外,还要考虑光线、材料质地等要素,使其与空间色彩、照明等相配合,形成优美的休闲空间。

4. 地面

可采用木地板或休闲砖,其特点是温馨自然、触感柔和、有弹性,使空间显得清新活力,能让人充分享受放松、随意的休闲乐趣。地面在图形设计上有刚、柔图形选择,以正方形、矩形、多角形等直线条组合为特征的图案,带有阳刚之气,以圆形、椭圆形、扇形和几何曲线组合为特征的图案,则带有阴柔之气。

地毯是布置地面的重要装饰品,选择一块地毯,其重要性犹如屋前的一块青草地,不可或缺。最好选择色彩缤纷的地毯,色彩太暗淡、单调会使空间黯然失色。地毯上的图案千变万化,但是务必记住选取寓意吉祥的图案,那些构图和谐、色彩鲜艳明快的地毯,显得喜气洋洋,令人赏心悦目,这样的地毯便是较理想的选择。

7.6.2 茶室设计案例

设计题目：茶室快题设计。

设计任务书：本案为茶室空间室内外改造设计，基地尺寸为 18m×23m，其中包括 6.5m×5m 和 14.5m× 5m 两个地块，及相应的室外庭院部分。茶室主要经营茶叶、茶具。要求将该空间设计成集销售、休闲、接待、体验为一体的茶室空间，设计应符合相关规范。

具体功能与要求如下。

（1）功能空间：包括休闲体验区、茶叶茶具展示区、洽谈接待区、准备区、卫生间、储藏区、茶室庭院及入口处等。

（2）图纸要求：A2 图幅；完成平面图、顶棚图、立面图（不少于两个）、效果图、设计说明及其他相关表达设计构思的分析图，比例自定。

（3）表达方式：绘图表现方式不限，图面表达清晰。

（4）时间要求：6 小时。

设计方案如图 7-12 所示。

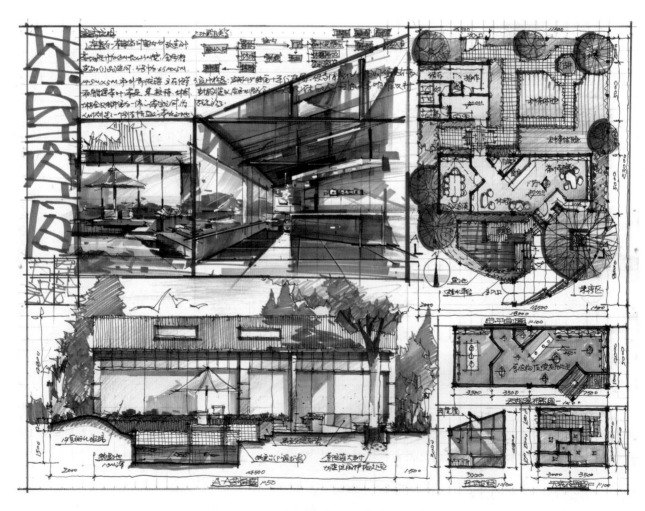

✿ 图 7-12 茶室快题方案设计（秦瑞虎）

7.7　其他空间快题设计

其他空间快题设计如图 7-13 ～ 图 7-18 所示。

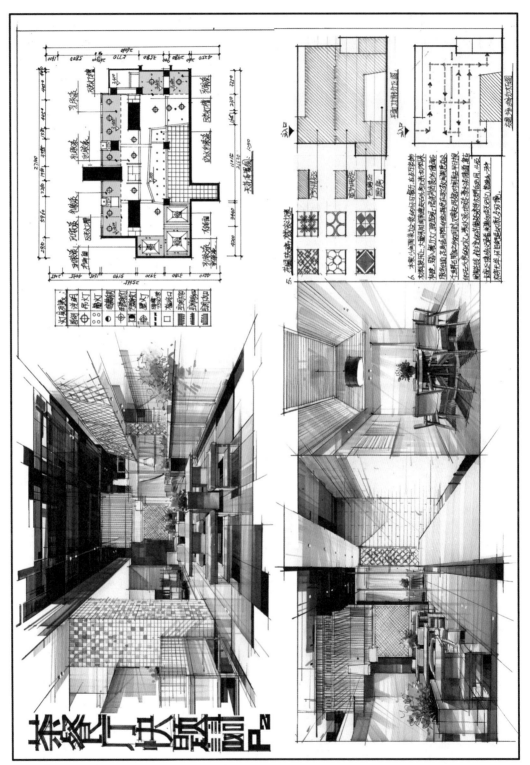

❶ 图 7-13　茶餐厅快题设计（孙大野）

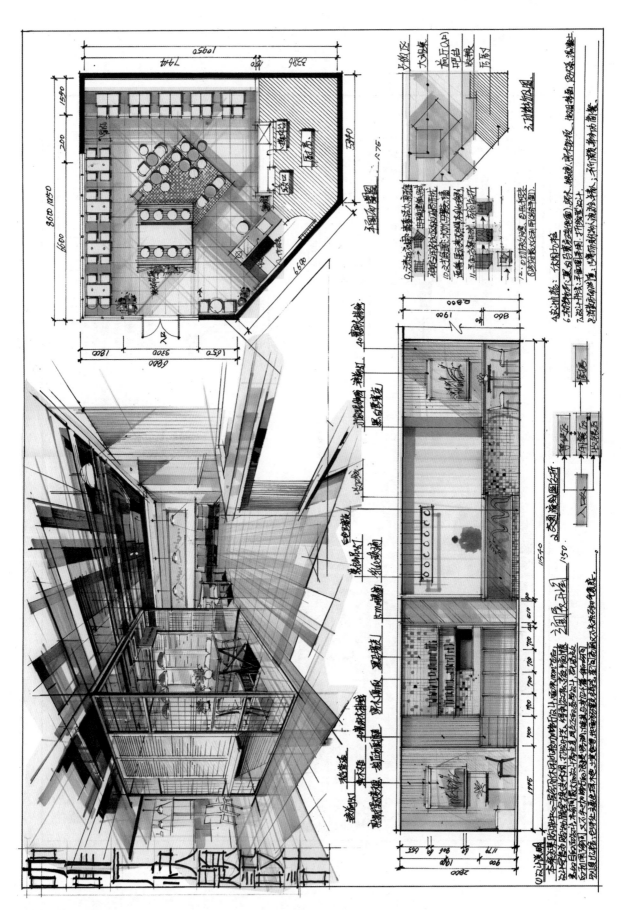

图 7-14 咖啡厅快题设计（孙大野）

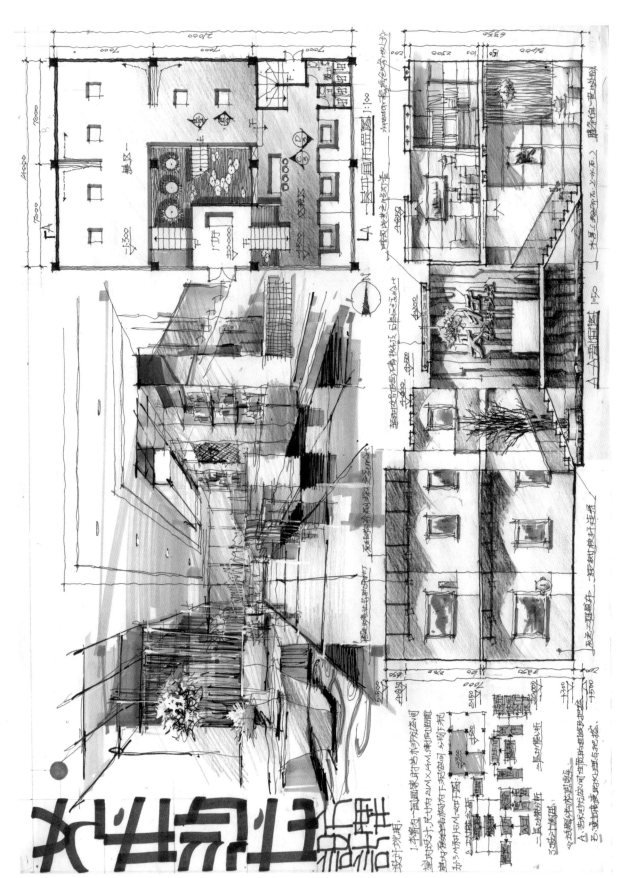

图 7-15　艺术沙龙快题设计一 （秦瑞虎）

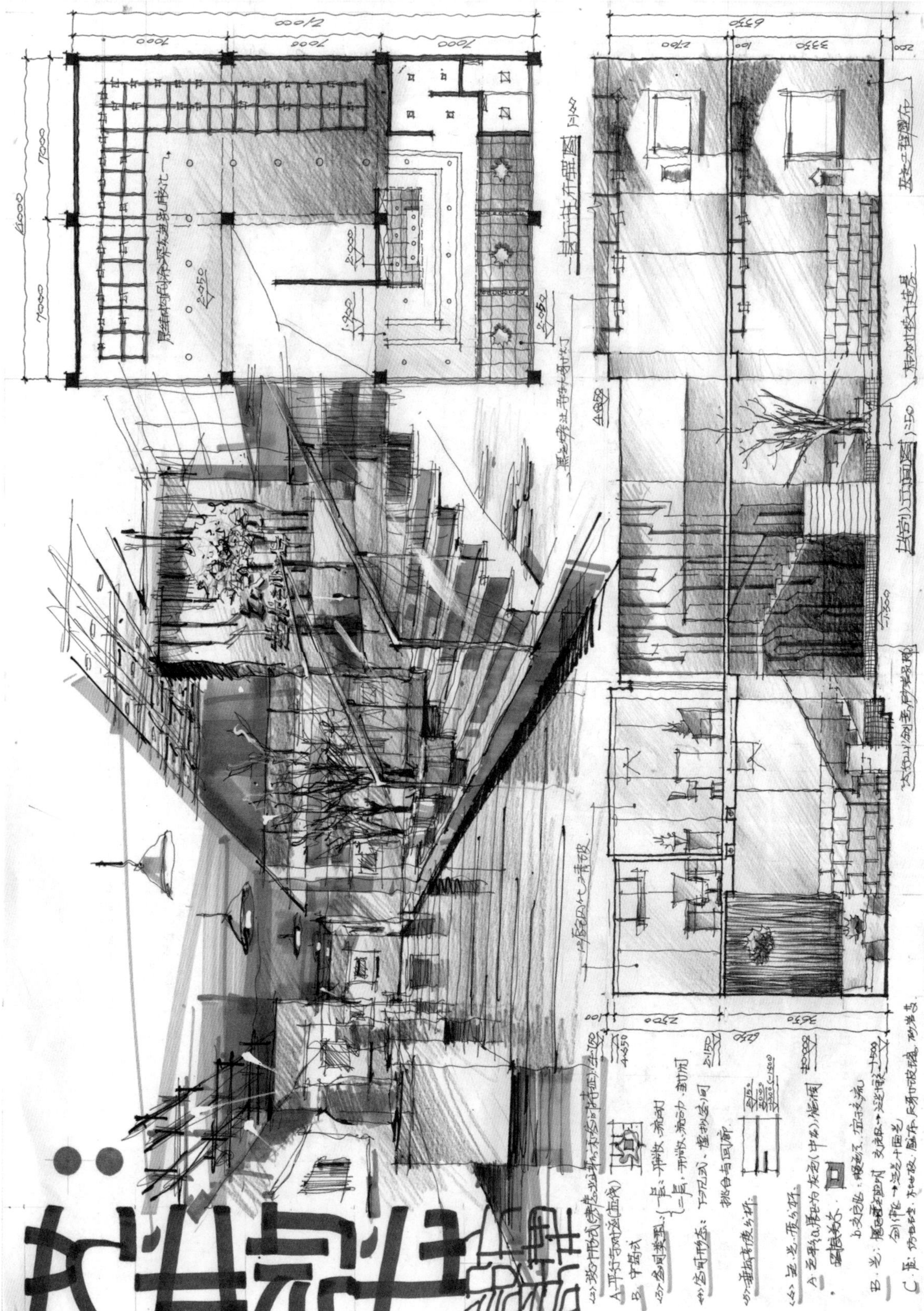

图7-16 艺术沙龙快题设计二（秦瑞虎）

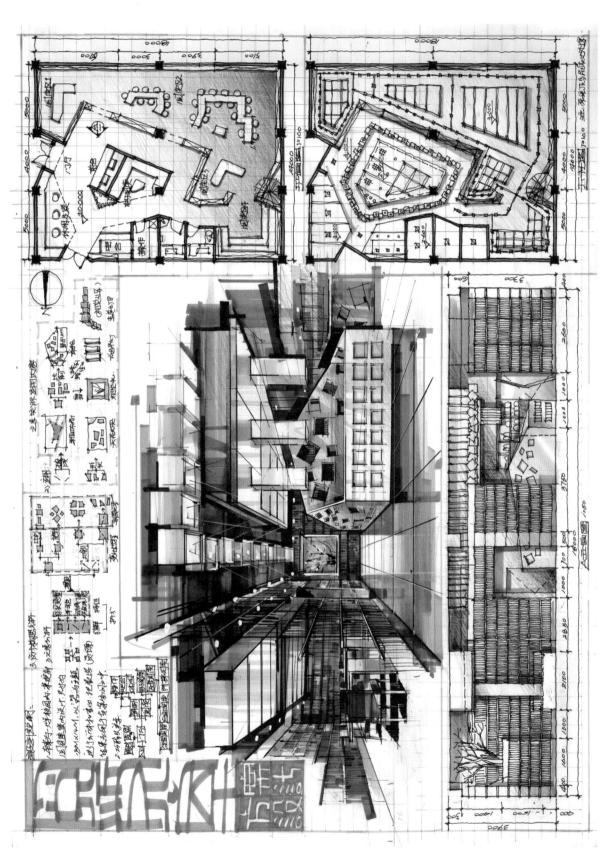

图 7-17 阅览室快题设计（秦瑞虎）

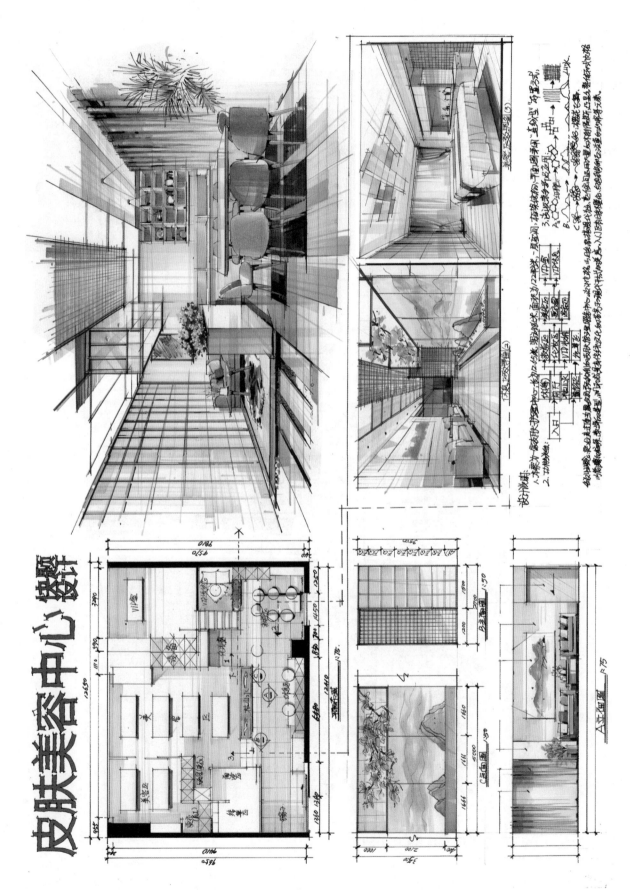

图 7-18 皮肤美容中心快题设计 (孙大野)

习　题

1. 请说明办公空间设计应遵循的基本要素。

2. 展示空间设计中，人员的流动设计是非常重要的环节，请简要概述通道设计的几种形式。

3. 自行选择 2 ～ 3 个空间类型，完成快题设计。

参 考 文 献

[1] 王瑞雪．室内设计手绘效果图表现技法教学探析 [J]. 大众文艺，2016(9).

[2] 王婉婷．高校环艺专业手绘效果图表现技法课程的教学探索 [J]. 美术教育研究，2016(4).

[3] 韩凌云．"家具设计手绘表现"课程的教学思考 [J]. 美与时代（上），2017(4).

[4] 李璇．解析透视在室内手绘效果图中的应用 [J]. 美术教育研究，2015(3).

[5] 沈婧．实适课题式室内设计课程教学改革研究 [J]. 美与时代（上），2019(9).

[6] 汪永辉．试论建筑室内设计中手绘表现的重要性及常用材料质感的表达 [J]. 中国建材科技，2019(6).

[7] 王桉．意象的营造——室内陈设的主题化设计探析 [J]. 城市建筑，2019(31).

[8] 俞兆江．室内陈设艺术的应用 [J]. 科技经济导刊，2019(11).

[9] 陶瑞峰，薛颖．室内陈设设计与市场应用 [J]. 工业设计，2018(11).

[10] 庞立丽．浅谈室内手绘表现中线的运用 [J]. 中外企业家，2019(1).

[11] 吴爽爽．由线条到线描——"手绘线条图像——会说话的图画"教学的思考 [J]. 美术教育研究，2015(24).

[12] 郭学静．点、线、面构成元素在现代展厅设计中的应用分析 [J]. 工业设计，2019(8).

[13] 陈新生．建筑钢笔表现 [M].2 版．上海：同济大学出版社，2005.

[14] 郑昌辉．图解思考与设计表现——俄罗斯列宾美院建筑创作课程精编 [M]. 北京：水利水电出版社，2012.

[15] 周亚楠．住宅中室内陈设的选择与布置研究 [J]. 居舍，2019(6).

[16] 安琪，姚锦帆．论陈设在商业空间中的运用 [J]. 大众文艺，2019(15).

[17] 陈蕾，黄艳雁．浅谈酒店空间中的陈设设计 [J]. 大众文艺，2017(5).

[18] 潘霞．现代办公空间的陈设设计 [J]. 大众文艺，2013(5).

[19] 吴炳文．透视学在建筑速写中的空间表现研究 [J]. 现代装饰（理论），2015(8).

[20] 张建．一点透视基本作图法 [J]. 建筑知识，1993(11).

[21] 马骥．浅析居住空间设计中的色彩原理及运用 [J]. 大众文艺，2014(10).

[22] 李昱午．浅谈彩色铅笔在景观快速设计教学中的应用 [J]. 美术教育研究，2015(7).

[23] 赵静．自然界中绘画的本真——以彩铅手绘为例 [J]. 美与时代（中），2019(5).

[24] 柳志宇，杨帆，朱珍华，等．室内空间设计 [M]. 长春：吉林大学出版社，2018.